사고력도 탄탄! 창의력도 탄탄!
수학 일등의 지름길 「기탄사고력수학」

♛ 단계별·능력별 프로그램식 학습지입니다

유아부터 초등학교 6학년까지 각 단계별로 4~6권씩 총 52권으로 구성되었으며, 처음 시작할 때 나이와 학년에 관계없이 능력별 수준에 맞추어 학습하는 프로그램식 학습지입니다.

♛ 사고력·창의력을 키워 주는 수학 학습지입니다

다양한 사고 단계를 거쳐 문제 해결력을 높여 주며, 개념과 원리를 이해하도록 하여 수학적 사고력을 키워 줍니다. 또 수학적 사고를 바탕으로 스스로 생각하고 깨닫는 창의력을 키워 줍니다.

♛ 유아 과정은 물론 초등학교 수학의 전 영역을 골고루 학습합니다

운필력, 공간 지각력, 수 개념 등 유아 과정부터 시작하여, 초등학교 과정인 수와 연산, 도형 등 수학의 전 영역을 골고루 다루어, 자녀들의 수학적 사고의 폭을 넓히는 데 큰 도움을 줍니다.

♛ 학습 지도 가이드와 다양한 학습 성취도 평가 자료를 수록했습니다

매주, 매달, 매 단계마다 학습 목표에 따른 지도 내용과 지도 요점, 완벽한 해설을 제공하여 학부모님께서 쉽게 지도하실 수 있습니다. 창의력 문제와 수학 경시 대회 예상 문제를 단계별로 수록, 수학 실력을 완성시켜 줍니다.

♛ 과학적 학습 분량으로 공부하는 습관이 몸에 배입니다

하루 10~20분 정도의 과학적 학습량으로 공부에 싫증을 느끼지 않게 하고, 학습에 자신감을 가지도록 하였습니다. 매일 일정 시간 꾸준하게 공부하도록 하면, 시키지 않아도 공부하는 습관이 몸에 배게 됩니다.

「기탄사고력수학」은
체계적이고 장기적인 프로그램으로
꾸준히 학습하면 반드시 성적으로 보답합니다

❀ **스몰 스텝(Small Step)방식으로 꾸준히 학습하면 성적이 올라갑니다**

「기탄사고력수학」은 단순히 문제만 나열한 문제집이 아닙니다. 체계적이고 장기적인 학습프로그램을 통해 수학적 사고력과 창의력을 완성시켜 주는 스몰 스텝(Small Step)방식으로 꾸준히 학습하면 반드시 성적이 올라갑니다.

❀ **하루 3장, 10~20분씩 규칙적으로 학습하게 하세요**

매일 일정 시간에 일정한 학습량을 꾸준히 재미있게 해야만 학습효과를 높일 수 있습니다. 주별로 분철하기 쉽게 제본되어 있으니, 교재를 구입하시면 먼저 분철하여 일주일 학습 분량만 자녀들에게 나누어 주세요. 그래야만 아이들이 학습 성취감과 자신감을 가질 수 있습니다.

❀ **자녀들의 수준에 알맞은 교재를 선택하세요**

〈기탄사고력수학〉은 유아에서 초등학교 6학년까지, 나이와 학년에 관계없이 학습 난이도별로 자신의 능력에 맞는 단계를 선택하여 시작하는 능력별 교재입니다. 그러나 자녀의 수준보다 1~2단계 낮춘 교재부터 시작하면 학습에 더욱 자신감을 갖게 되어 효과적입니다.

교재 구분	교재 구성	대 상
A단계 교재	1, 2, 3, 4집	4세 ~ 5세 아동
B단계 교재	1, 2, 3, 4집	5세 ~ 6세 아동
C단계 교재	1, 2, 3, 4집	6세 ~ 7세 아동
D단계 교재	1, 2, 3, 4집	7세 ~ 초등학교 1학년
E단계 교재	1, 2, 3, 4, 5, 6집	초등학교 1학년
F단계 교재	1, 2, 3, 4, 5, 6집	초등학교 2학년
G단계 교재	1, 2, 3, 4, 5, 6집	초등학교 3학년
H단계 교재	1, 2, 3, 4, 5, 6집	초등학교 4학년
I 단계 교재	1, 2, 3, 4, 5, 6집	초등학교 5학년
J단계 교재	1, 2, 3, 4, 5, 6집	초등학교 6학년

「기탄사고력수학」으로
수학 성적 올리는 일등비법을 공개합니다

※ 문제를 먼저 풀어 주지 마세요

기탄사고력수학은 직관(전체 감지)을 논리(이론과 구체 연결)로 발전시켜 답을 구하도록 구성되었습니다. 쉽게 문제를 풀지 못하더라도 노력하는 과정에서 더 많은 것을 얻을 수 있으니, 약간의 힌트 외에는 자녀가 스스로 끝까지 문제를 풀어 나갈 수 있도록 격려해 주세요.

※ 교재는 이렇게 활용하세요

먼저 자녀들의 능력에 맞는 교재를 선택하세요. 그리고 일주일 분량씩 분철하여 매일 3장씩 풀 수 있도록 해 주세요. 한꺼번에 많은 양의 교재를 주시면 어린이가 부담을 느껴서 학습을 미루거나 포기하기 쉽습니다. 적당한 양을 매일매일 학습하도록 하여 수학 공부하는 재미를 느낄 수 있도록 해 주세요.

※ 교재 학습 과정을 꼭 지켜 주세요

한 주 학습이 끝날 때마다 창의력 문제와 경시 대회 예상 문제를 꼭 풀고 넘어가도록 해 주시고, 한 권(한 달 과정)이 끝나면 성취도 테스트와 종료 테스트를 통해 스스로 실력을 가늠해 볼 수 있도록 도와 주세요. 문제를 다 풀면 반드시 해답지를 이용하여 정확하게 채점해 주시고, 틀린 문제를 체크해 놓았다가 다음에는 확실히 풀 수 있도록 지도해 주세요.

※ 자녀의 학습 관리를 게을리 하지 마세요

수학적 사고는 하루 아침에 생겨나는 것이 아닙니다. 날마다 꾸준히 규칙적으로 학습해 나갈 때에만 비로소 수학적 사고의 기틀이 마련되는 것입니다. 교육은 사랑입니다. 자녀가 학습한 부분을 어머니께서 꼭 확인하시면서 사랑으로 돌봐 주세요. 부모님의 관심 속에서 자란 아이들만이 성적 향상은 물론 이 사회에서 꼭 필요한 인격체로 성장해 나갈 수 있다는 것도 잊지 마세요.

기탄교력수학 교재별 학습 내용

A 단계 교재

A - ❶ 교재	A - ❷ 교재
나와 가족에 대하여 알기 바른 행동 알기 다양한 선 그리기 다양한 사물 색칠하기 ○△□ 알기 똑같은 것 찾기 빠진 것 찾기 종류가 같은 것과 다른 것 찾기 관찰력, 논리력, 사고력 키우기	필요한 물건 찾기 관계 있는 것 찾기 다양한 기준에 따라 분류하기 (종류, 용도, 모양, 색깔, 재질, 계절, 성질 등) 두 가지 기준에 따라 분류하기 다섯까지 세기 변별력 키우기 미로 통과하기
A - ❸ 교재	**A - ❹ 교재**
다양한 기준으로 비교하기 (길이, 높이, 양, 무게, 크기, 두께, 넓이, 속도, 깊이 등) 시간의 순서 비교하기 반대 개념 알기 3까지의 숫자 배우기 그림 퍼즐 맞추기 미로 통과하기	최상급 개념 알기 다양한 기준으로 순서 짓기 (크기, 시간, 길이, 두께 등) 네 가지 이상 비교하기 이중 서열 알기 ABAB, ABCABC의 규칙성 알기 다양한 규칙 이해하기 부분과 전체 알기 5까지의 숫자 배우기 일대일 대응, 일대다 대응 알기 미로 통과하기

B 단계 교재

B - ❶ 교재	B - ❷ 교재
열까지 세기 9까지의 숫자 배우기 사물의 기본 모양 알기 모양 구성하기 모양 나누기와 합치기 같은 모양, 짝이 되는 모양 찾기 위치 개념 알기 (위, 아래, 앞, 뒤) 위치 파악하기	9까지의 수량, 수 단어, 숫자 연결하기 구체물을 이용한 수 익히기 반구체물을 이용한 수 익히기 위치 개념 알기 (안, 밖, 왼쪽, 가운데, 오른쪽) 다양한 위치 개념 알기 시간 개념 알기 (낮, 밤) 구체물을 이용한 수와 양의 개념 알기 (같다, 많다, 적다)
B - ❸ 교재	**B - ❹ 교재**
순서대로 숫자 쓰기 거꾸로 숫자 쓰기 1 큰 수와 2 큰 수 알기 1 작은 수와 2 작은 수 알기 반구체물을 이용한 수와 양의 개념 알기 보존 개념 익히기 여러 가지 단위 배우기	순서수 알기 사물의 입체 모양 알기 입체 모양 나누기 두 수의 크기 비교하기 여러 수의 크기 비교하기 0의 개념 알기 0부터 9까지의 수 익히기

C 단계 교재

C - ❶ 교재	C - ❷ 교재
구체물을 통한 수 가르기 반구체물을 통한 수 가르기 숫자를 도입한 수 가르기 구체물을 통한 수 모으기 반구체물을 통한 수 모으기 숫자를 도입한 수 모으기	수 가르기와 모으기 여러 가지 방법으로 수 가르기 수 모으고 다시 수 가르기 수 가르고 다시 수 모으기 더해 보기 세로로 더해 보기 빼 보기 세로로 빼 보기 더해 보기와 빼 보기 바꾸어서 셈하기

C - ❸ 교재		C - ❹ 교재
길이 측정하기 넓이 측정하기 둘레 측정하기 부피 측정하기 활동 시간 알아보기 여러 가지 측정하기	높이 측정하기 크기 측정하기 무게 측정하기 들이 측정하기 시간의 순서 알아보기	열 개 열 개 만들어 보기 열 개 묶어 보기 자리 알아보기 수 '10' 알아보기 10의 크기 알아보기 더하여 10이 되는 수 알아보기 열다섯까지 세어 보기 스물까지 세어 보기

D 단계 교재

D - ❶ 교재	D - ❷ 교재
수 11~20 알기 11~20까지의 수 알기 30까지의 수 알아보기 자릿값을 이용하여 30까지의 수 나타내기 40까지의 수 알아보기 자릿값을 이용하여 40까지의 수 나타내기 자릿값을 이용하여 50까지의 수 나타내기 50까지의 수 알아보기	상자 모양, 공 모양, 둥근기둥 모양 알아보기 공간 위치 알아보기 입체도형으로 모양 만들기 여러 방향에서 본 모습 관찰하기 평면도형 알아보기 선대칭 모양 알아보기 모양 만들기와 탱그램

D - ❸ 교재	D - ❹ 교재
덧셈 이해하기 10이 되는 더하기 여러 가지로 더해 보기 덧셈 익히기 뺄셈 이해하기 10에서 빼기 여러 가지로 빼 보기 뺄셈 익히기	조사하여 기록하기 그래프의 이해 그래프의 활용 분수의 이해 시간 느끼기 사건의 순서 알기 소요 시간 알아보기 달력 보기 시계 보기 활동한 시간 알기

E - ❶ 교재	E - ❷ 교재	E - ❸ 교재
사물의 개수를 세어 보고 1, 2, 3, 4, 5 알아보기 0의 개념과 0~5까지의 수의 순서 알기 하나 더 많다, 적다의 개념 알기 두 수의 크기 비교하기 사물의 개수를 세어 보고 6, 7, 8, 9 알아보기 0~9까지의 수의 순서 알기 하나 더 많다, 적다의 개념 알기 두 수의 크기 비교하기 여러 가지 모양 알아보기, 찾아보기, 만들어 보기 규칙 찾기	두 수로 가르기 두 수를 모으기 가르기와 모으기 덧셈식 알아보기 뺄셈식 알아보기 길이 비교해 보기 높이 비교해 보기 들이 비교해 보기 무게 비교해 보기 넓이 비교해 보기	수 10(십) 알아보기 19까지의 수 알아보기 몇십과 몇십 몇 알아보기 물건의 수 세기 50까지 수의 순서 알아보기 두 수의 크기 비교하기 분류하기 분류하여 세어 보기

E - ❹ 교재	E - ❺ 교재	E - ❻ 교재
수 60, 70, 80, 90 99까지의 수 수의 순서 두 수의 크기 비교 여러 가지 모양 알아보기, 찾아보기 여러 가지 모양 만들기, 그리기 규칙 찾기 10을 두 수로 가르기 10이 되도록 두 수를 모으기	10이 되는 더하기 10에서 빼기 세 수의 덧셈과 뺄셈 (몇십)+(몇), (몇십 몇)+(몇), (몇십 몇)+(몇십 몇) (몇십 몇)–(몇), (몇십 몇)–(몇십 몇) 긴바늘, 짧은바늘 알아보기 몇 시 알아보기 몇 시 30분 알아보기	세 수의 덧셈 받아올림이 있는 (몇)+(몇) 받아내림이 있는 (십 몇)–(몇) 세 수의 계산 덧셈식, 뺄셈식 만들기 □가 있는 덧셈식, 뺄셈식 만들기 여러 가지 방법으로 해결하기

F - ❶ 교재	F - ❷ 교재	F - ❸ 교재
백(100)과 몇백(200, 300, ……)의 개념 이해 세 자리 수와 뛰어 세기의 이해 세 자리 수의 크기 비교 받아올림이 있는 (두 자리 수)+(한 자리 수)의 계산 받아내림이 있는 (두 자리 수)–(한 자리 수)의 계산 세 수의 덧셈과 뺄셈 선분과 직선의 차이 이해 사각형, 삼각형, 원 등의 여러 가지 모양 쌓기나무로 똑같이 쌓아 보고 여러 가지 모양 만들기 배열 순서에 따라 규칙 찾아내기	받아올림이 있는 (두 자리 수)+(두 자리 수)의 계산 받아내림이 있는 (두 자리 수)–(두 자리 수)의 계산 여러 가지 방법으로 계산하고 세 수의 혼합 계산 길이 비교와 단위길이의 비교 길이의 단위(cm) 알기 길이 재기와 길이 어림하기 어떤 수를 □로 나타내기 덧셈식·뺄셈식에서 □의 값 구하기 어떤 수를 구하는 식 만들기 식에 알맞은 문제 만들기	시각 읽기 시각과 시간의 차이 알기 하루의 시간 알기 달력을 보며 1년 알기 몇 시 몇 분 전 알기 반 시간 알기 묶어 세기 몇 배 알아보기 더하기를 곱하기로 나타내기 덧셈식과 곱셈식으로 나타내기

F - ❹ 교재	F - ❺ 교재	F - ❻ 교재
2~9의 단 곱셈구구 익히기 1의 단 곱셈구구와 0의 곱 곱셈표에서 규칙 찾기 받아올림이 없는 세 자리 수의 덧셈 받아내림이 없는 세 자리 수의 뺄셈 여러 가지 방법으로 계산하기 미터(m)와 센티미터(cm) 길이 재기 길이 어림하기 길이의 합과 차	받아올림이 있는 세 자리 수의 덧셈 받아내림이 있는 세 자리 수의 뺄셈 여러 가지 방법으로 덧셈·뺄셈하기 세 수의 혼합 계산 똑같이 나누기 전체와 부분의 크기 분수의 쓰기와 읽기 분수만큼 색칠하고 분수로 나타내기 표와 그래프로 나타내기 조사하여 표와 그래프로 나타내기	□가 있는 곱셈식을 만들어 문제 해결하기 규칙을 찾아 문제 해결하기 거꾸로 생각하여 문제 해결하기

G

단계 교재

G - ❶ 교재	G - ❷ 교재	G - ❸ 교재
1000의 개념 알기 몇천, 네 자리 수 알기 수의 자릿값 알기 뛰어 세기, 두 수의 크기 비교 세 자리 수의 덧셈 덧셈의 여러 가지 방법 세 자리 수의 뺄셈 뺄셈의 여러 가지 방법 각과 직각의 이해 직각삼각형, 직사각형, 정사각형의 이해	똑같이 묶어 덜어 내기와 똑같게 나누기 나눗셈의 몫 곱셈과 나눗셈의 관계 나눗셈의 몫을 구하는 방법 나눗셈의 세로 형식 곱셈을 활용하여 나눗셈의 몫 구하기 평면도형 밀기, 뒤집기, 돌리기 평면도형 뒤집고 돌리기 (몇십)×(몇)의 계산 (두 자리 수)×(한 자리 수)의 계산	분수만큼 알기와 분수로 나타내기 몇 개인지 알기 분수의 크기 비교 mm 단위를 알기와 mm 단위까지 길이 재기 km 단위를 알기 km, m, cm, mm의 단위가 있는 길이의 합과 차 구하기 시각과 시간의 개념 알기 1초의 개념 알기 시간의 합과 차 구하기
G - ❹ 교재	**G - ❺ 교재**	**G - ❻ 교재**
(네 자리 수)+(세 자리 수) (네 자리 수)+(네 자리 수) (네 자리 수)−(세 자리 수) (네 자리 수)−(네 자리 수) 세 수의 덧셈과 뺄셈 (세 자리 수)×(한 자리 수) (몇십)×(몇십) / (두 자리 수)×(몇십) (두 자리 수)×(두 자리 수) 원의 중심과 반지름 / 그리기 / 지름 / 성질	(몇십)÷(몇) 내림이 없는 (몇십 몇)÷(몇) 나눗셈의 몫과 나머지 나눗셈식의 검산 / (몇십 몇)÷(몇) 들이 / 들이의 단위 들이의 어림하기와 합과 차 무게 / 무게의 단위 무게의 어림하기와 합과 차 0.1 / 소수 알아보기 소수의 크기 비교하기	막대그래프 막대그래프 그리기 그림그래프 그림그래프 그리기 알맞은 그래프로 나타내기 규칙을 정해 무늬 꾸미기 규칙을 찾아 문제 해결 표를 만들어서 문제 해결 예상과 확인으로 문제 해결

H

단계 교재

H - ❶ 교재	H - ❷ 교재	H - ❸ 교재
만 / 다섯 자리 수 / 십만, 백만, 천만 억 / 조 / 큰 수 뛰어서 세기 두 수의 크기 비교 100, 1000, 10000, 몇백, 몇천의 곱 (세,네 자리 수)×(두 자리 수) 세 수의 곱셈 / 몇십으로 나누기 (두,세 자리 수)÷(두 자리 수) 각의 크기 / 각 그리기 / 각도의 합과 차 삼각형의 세 각의 크기의 합 사각형의 네 각의 크기의 합	이등변삼각형 / 이등변삼각형의 성질 정삼각형 / 예각과 둔각 예각삼각형 / 둔각삼각형 덧셈, 뺄셈 또는 곱셈, 나눗셈이 섞여 있는 혼합 계산 덧셈, 뺄셈, 곱셈, 나눗셈이 섞여 있는 혼합 계산 ( ), { }가 있는 혼합 계산 분수와 진분수 / 가분수와 대분수 대분수를 가분수로, 가분수를 대분수로 나타내기 분모가 같은 분수의 크기 비교	소수 소수 두 자리 수 소수 세 자리 수 소수 사이의 관계 소수의 크기 비교 규칙을 찾아 수로 나타내기 규칙을 찾아 글로 나타내기 새로운 무늬 만들기
H - ❹ 교재	**H - ❺ 교재**	**H - ❻ 교재**
분모가 같은 진분수의 덧셈 분모가 같은 대분수의 덧셈 분모가 같은 진분수의 뺄셈 분모가 같은 대분수의 뺄셈 분모가 같은 대분수와 진분수의 덧셈과 뺄셈 소수의 덧셈 / 소수의 뺄셈 수직과 수선 / 수선 긋기 평행선 / 평행선 긋기 평행선 사이의 거리	사다리꼴 / 평행사변형 / 마름모 직사각형과 정사각형의 성질 다각형과 정다각형 / 대각선 여러 가지 모양 만들기 여러 가지 모양으로 덮기 직사각형과 정사각형의 둘레 $1cm^2$ / 직사각형과 정사각형의 넓이 여러 가지 도형의 넓이 이상과 이하 / 초과와 미만 / 수의 범위 올림과 버림 / 반올림 / 어림의 활용	꺾은선그래프 꺾은선그래프 그리기 물결선을 사용한 꺾은선그래프 물결선을 사용한 꺾은선그래프 그리기 알맞은 그래프로 나타내기 꺾은선그래프의 활용 두 수 사이의 관계 두 수 사이이 관계를 식으로 나타내기 문제를 해결하고 풀이 과정을 설명하기

I 단계 교재

I - ❶ 교재	I - ❷ 교재	I - ❸ 교재
약수 / 배수 / 배수와 약수의 관계	세 분수의 덧셈과 뺄셈	평행사변형의 넓이
공약수와 최대공약수	(진분수)×(자연수) / (대분수)×(자연수)	삼각형의 넓이
공배수와 최소공배수	(자연수)×(진분수) / (자연수)×(대분수)	사다리꼴의 넓이
크기가 같은 분수 알기	(단위분수)×(단위분수)	마름모의 넓이
크기가 같은 분수 만들기	(진분수)×(진분수) / (대분수)×(대분수)	넓이의 단위 m², a
분수의 약분 / 분수의 통분	세 분수의 곱셈 / 합동인 도형의 성질	넓이의 단위 ha, km²
분수의 크기 비교 / 진분수의 덧셈	합동인 삼각형 그리기	넓이의 단위 관계
대분수의 덧셈 / 진분수의 뺄셈	면, 모서리, 꼭짓점	무게의 단위
대분수의 뺄셈 / 세 분수의 덧셈과 뺄셈	직육면체와 정육면체	
	직육면체의 성질 / 겨냥도 / 전개도	

I - ❹ 교재	I - ❺ 교재	I - ❻ 교재
분수와 소수의 관계	(소수)×(자연수) / (자연수)×(소수)	두 수의 크기 비교
분수를 소수로, 소수를 분수로 나타내기	곱의 소수점의 위치	비율
분수와 소수의 크기 비교	(소수)×(소수)	백분율
1÷(자연수)를 곱셈으로 나타내기	소수의 곱셈	할푼리
(자연수)÷(자연수)를 곱셈으로 나타내기	(소수)÷(자연수)	실제로 해 보기와 표 만들기
(진분수)÷(자연수) / (가분수)÷(자연수)	(자연수)÷(자연수)	그림 그리기와 식 만들기
(대분수)÷(자연수)	줄기와 잎 그림	예상하고 확인하기와 표 만들기
분수와 자연수의 혼합 계산	그림그래프	실제로 해 보기와 규칙 찾기
선대칭도형/선대칭의 위치에 있는 도형	평균	
점대칭도형/점대칭의 위치에 있는 도형	자료를 그래프로 나타내고 설명하기	

J 단계 교재

J - ❶ 교재	J - ❷ 교재	J - ❸ 교재
(자연수)÷(단위분수)	쌓기나무의 개수	비례식
분모가 같은 진분수끼리의 나눗셈	쌓기나무의 각 자리, 각 층별로 나누어	비의 성질
분모가 다른 진분수끼리의 나눗셈	개수 구하기	가장 작은 자연수의 비로 나타내기
(자연수)÷(진분수) / 대분수의 나눗셈	규칙 찾기	비례식의 성질
분수의 나눗셈 활용하기	쌓기나무로 만든 것, 여러 가지 입체도형,	비례식의 활용
소수의 나눗셈 / (자연수)÷(소수)	여러 가지 생활 속 건축물의 위, 앞, 옆	연비
소수의 나눗셈에서 나머지	에서 본 모양	두 비의 관계를 연비로 나타내기
반올림한 몫	원주와 원주율 / 원의 넓이	연비의 성질
입체도형과 각기둥 / 각뿔	띠그래프 알기 / 띠그래프 그리기	비례배분
각기둥의 전개도 / 각뿔의 전개도	원그래프 알기 / 원그래프 그리기	연비로 비례배분

J - ❹ 교재	J - ❺ 교재	J - ❻ 교재
(소수)÷(분수) / (분수)÷(소수)	원기둥의 겉넓이	두 수 사이의 대응 관계 / 정비례
분수와 소수의 혼합 계산	원기둥의 부피	정비례를 활용하여 생활 문제 해결하기
원기둥 / 원기둥의 전개도	경우의 수	반비례
원뿔	순서가 있는 경우의 수	반비례를 활용하여 생활 문제 해결하기
회전체 / 회전체의 단면	여러 가지 경우의 수	그림을 그리거나 식을 세워 문제 해결하기
직육면체와 정육면체의 겉넓이	확률	거꾸로 생각하거나 식을 세워 문제 해결하기
부피의 비교 / 부피의 단위	미지수를 x로 나타내기	표를 작성하거나 예상과 확인을 통하여
직육면체와 정육면체의 부피	등식 알기 / 방정식 알기	문제 해결하기
부피의 큰 단위	등식의 성질을 이용하여 방정식 풀기	여러 가지 방법으로 문제 해결하기
부피와 들이 사이의 관계	방정식의 활용	새로운 문제를 만들어 풀어 보기

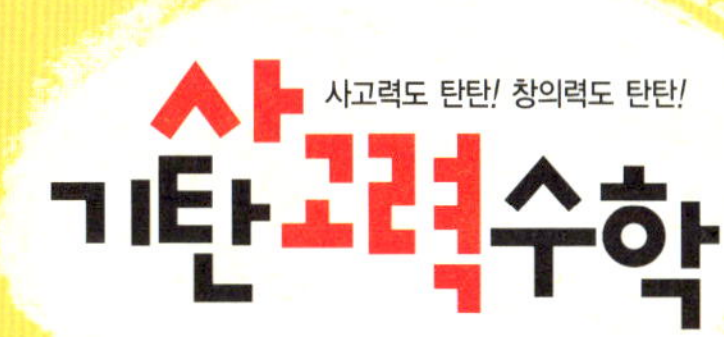

G2

G61a ~ G75b

학습 관리표

학습 내용		이번 주는?
나눗셈	· 똑같이 묶어 덜어 내기 · 똑같게 나누기 · 나눗셈의 몫 · 곱셈과 나눗셈의 관계 · 나눗셈의 몫을 구하는 방법 · 나눗셈식의 세로 형식 · 곱셈을 활용하여 나눗셈의 몫 구하기 · 창의력 학습 · 경시 대회 예상 문제	• 학습 방법 : ① 매일매일　② 가끔　③ 한꺼번에 　하였습니다. • 학습 태도 : ① 스스로 잘　② 시켜서 억지로 　하였습니다. • 학습 흥미 : ① 재미있게　② 싫증내며 　하였습니다. • 교재 내용 : ① 적합하다고　② 어렵다고　③ 쉽다고 　하였습니다.

지도 교사가 부모님께	부모님이 지도 교사께

평가	Ⓐ 아주 잘함　　　Ⓑ 잘함　　　Ⓒ 보통　　　Ⓓ 부족함

원(교)　　　　반　이름　　　　　　전화

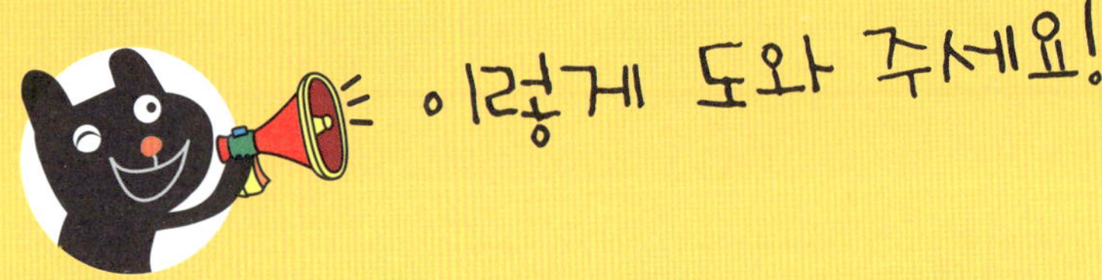

● 학습 목표
- 똑같이 묶어 덜어 내는 나눗셈식을 이해할 수 있다.
- 똑같게 나누는 나눗셈식을 이해할 수 있다.
- 똑같이 묶어 덜어 내는 나눗셈식의 몫과 똑같게 나누는 나눗셈식의 몫을 이해할 수 있다.
- 곱셈과 나눗셈의 관계를 이해할 수 있다.
- 나눗셈의 몫을 구하는 방법을 이해할 수 있다.
- 나눗셈식을 세로 형식으로 쓰는 방법을 이해할 수 있다.
- 곱셈을 활용하여 나눗셈의 몫을 구할 수 있다.

● 지도 내용
- 똑같이 묶어 덜어 내는 나눗셈식과 똑같게 나누는 나눗셈식을 이해하게 하고, 이를 기초로 나눗셈식의 몫을 이해하게 한다.
- 곱셈과 나눗셈의 관계를 이해시켜, 이를 기초로 나눗셈의 몫을 구하도록 한다.

● 지도 요점
나눗셈의 개념을 처음으로 배우는 단원으로서 동수누감 나눗셈식과 등분 나눗셈식의 개념을 바르게 이해하고, 나눗셈의 개념을 기초로 하여 나눗셈식의 몫을 동수누감 나눗셈식의 경우와 등분 나눗셈식의 경우로 나누어 알아보게 합니다.
나눗셈식의 몫을 구하기 위하여 곱셈과 나눗셈의 관계를 먼저 학습하고, 이를 기초로 나눗셈의 몫을 구하는 방법을 이해하게 합니다. 또한, 큰 수의 나눗셈식의 준비를 위하여 세로 형식으로 나눗셈식을 쓰는 것을 약속하도록 합니다. 그리고 생활 속에서 곱셈을 활용하여 나눗셈의 몫을 구하는 활동을 하도록 지도합니다.

✿이름 :

✿날짜 :

✿시간 :　　시　　분 ～　　시　　분

확인

◆ **똑같이 묶어 덜어 내기**

- 야구공 6개는 2개씩 묶어 3번 덜어 낼 수 있습니다.

- $6-2-2-2=0$이므로 6에서 2씩 3번 빼면 0이 됩니다.

- 6에서 2씩 3번 빼면 0이 됩니다.
  이것을 식으로 $6 \div 2 = 3$이라 쓰고, **6 나누기 2는 3과 같습니다**
  라고 읽습니다.
  $6 \div 2 = 3$과 같은 식을 **나눗셈식**이라 합니다.
  이때 3은 6을 2로 나눈 **몫**이라고 합니다.

🐸 다음 나눗셈식을 보고 ☐ 안에 알맞은 수나 말을 써넣으시오.(1~3)

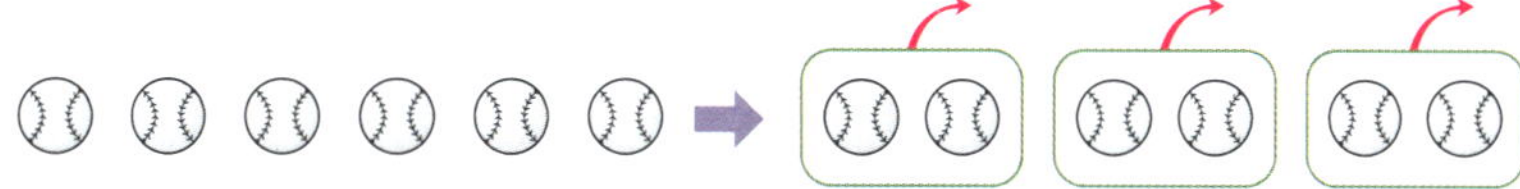

$$10 \div 5 = 2$$

1. 10 나누기 ☐ 는 ☐ 와 같습니다.

2. 10에서 ☐ 씩 ☐ 번 묶어 덜어 내면 0입니다.

3. 2는 10을 5로 나눈 ☐ 입니다.

사고력 학습

4. 사과가 12개 있습니다. 한 봉지에 6개씩 담는다면 몇 봉지에 담을 수 있는지 알아보시오.

(1) 사과 12개를 6개씩 묶어 덜어 내시오.

(2) 식을 만들어 답을 구하시오.

[식] 12 ÷ ☐ = ☐　　　　　　　　　　　[답]

5. 과자가 20개 있습니다. 한 접시에 4개씩 담으려고 합니다. 과자를 다 담으려면 접시는 몇 개가 있어야 하는지 알아보시오.

(1) 과자 20개를 4개씩 묶어 덜어 내시오.

(2) 식을 만들어 답을 구하시오.

[식]　　　　　　　　　　　　　　　[답]

사고력 학습

1. 나눗셈식으로 쓰시오.

(1) $45 - 9 - 9 - 9 - 9 - 9 = 0$

[식]

(2) 21에서 7씩 3번 묶어 덜어 내면 0이 됩니다.

[식]

2. 나눗셈식 $10 \div 2 = 5$를 여러 가지로 나타내어 보시오.

(1) 장미 10송이를 2송이씩 묶어 덜어 내시오.

(2) 10에서 0이 될 때까지 2를 빼는 뺄셈식으로 나타내시오.

$10 - \boxed{} - \boxed{} - \boxed{} - \boxed{} - \boxed{} = 0$

(3) 나눗셈식 $10 \div 2 = 5$를 문장으로 나타내시오.

장미 $\boxed{}$ 송이를 꽃병 하나에 $\boxed{}$ 송이씩 꽂으려면 꽃병은 $\boxed{}$ 개가 있어야 합니다.

◆ **똑같게 나누기**

- 빵 6개를 접시 3개에 똑같게 나누어 담으면 한 접시에 2개씩 담을 수 있습니다.

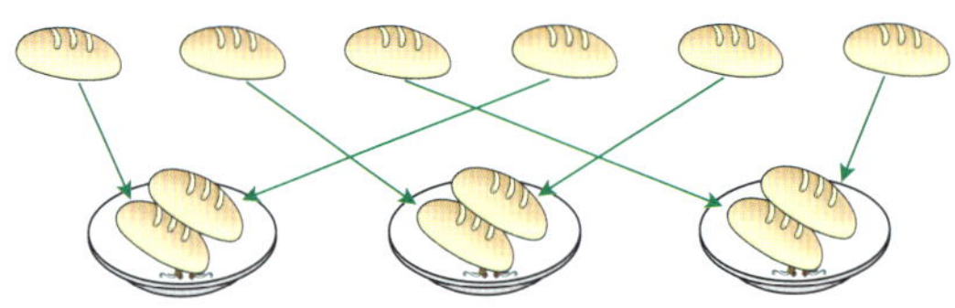

- 6을 3곳으로 똑같게 나누면 한 곳에 2개씩 됩니다.
  이것을 식으로 6÷3=2라 쓰고, 6 나누기 3은 2와 같습니다 라고 읽습니다.
  6÷3=2와 같은 식을 나눗셈식이라 합니다.
  이때 2는 6을 3으로 나눈 몫이라고 합니다.

👻 다음 나눗셈식을 보고 ☐ 안에 알맞은 수나 말을 써넣으시오.(3~5)

$$16 \div 8 = 2$$

3. 16 나누기 ☐ 은 ☐ 와 같습니다.

4. 16을 ☐ 곳으로 똑같게 나누면 한 곳에 ☐ 개씩 됩니다.

5. 2는 16을 8로 나눈 ☐ 입니다.

사고력 학습

1. 축구공 12개를 3곳으로 똑같게 나누면 한 곳에 몇 개씩인지 알아보시오.

(1) 축구공 12개를 3곳으로 똑같게 나누어 ◯로 나타내시오.

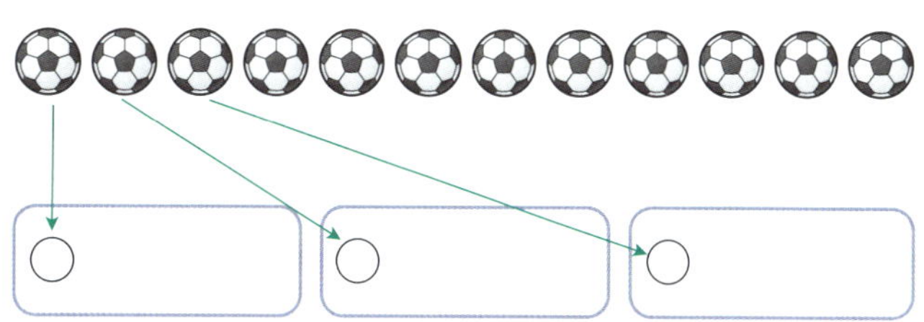

(2) 식을 만들어 답을 구하시오.

[식] $12 \div \boxed{} = \boxed{}$ [답]

2. 금붕어가 8마리 있습니다. 어항 4개에 똑같게 나누어 넣으려고 합니다. 한 어항에 몇 마리씩 넣어야 하는지 알아보시오.

(1) 금붕어 8마리를 4곳으로 똑같게 나누어 ◯로 나타내시오.

(2) 식을 만들어 답을 구하시오.

[식]   [답]

3. 나눗셈식 6÷2＝3을 여러 가지로 나타내어 보시오.

(1) 공깃돌 6개를 2곳으로 똑같게 나누어 ○로 나타내시오.

(2) 나눗셈식 6÷2＝3을 문장으로 나타내시오.

공깃돌 ☐ 개를 어린이 ☐ 명이 똑같게 나누어 가지면 한 사람이

☐ 개씩 가지게 됩니다.

4. 나눗셈식 10÷5＝2를 여러 가지로 나타내어 보시오.

(1) 귤 10개를 5곳으로 똑같게 나누어 ○로 나타내시오.

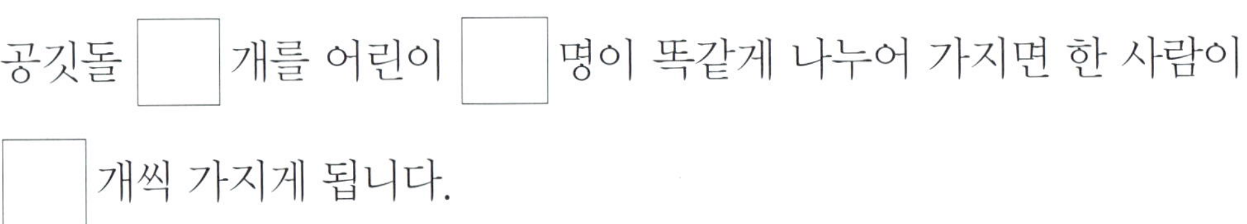

(2) 나눗셈식 10÷5＝2를 문장으로 나타내시오.

귤 ☐ 개를 ☐ 사람에게 똑같게 나누어 주면 한 사람에게 ☐

개씩 줄 수 있습니다.

사고력 학습

◆ **나눗셈의 몫**

- 똑같이 묶어 덜어 내는 나눗셈식 $8 \div 2 = 4$에서 몫 4는
  – 8에서 2를 4번 묶어 덜어 낼 수 있다는 횟수를 나타냅니다.

  – 8에서 2를 4번 빼면 0이 된다는 횟수를 나타냅니다.

$$8 - 2 - 2 - 2 - 2 = 0$$

4번

- 똑같게 나누는 나눗셈식 $8 \div 2 = 4$에서 몫 4는 8을 2곳으로 똑같게 나누면 한 곳에 4개씩이라는 개수를 나타냅니다.

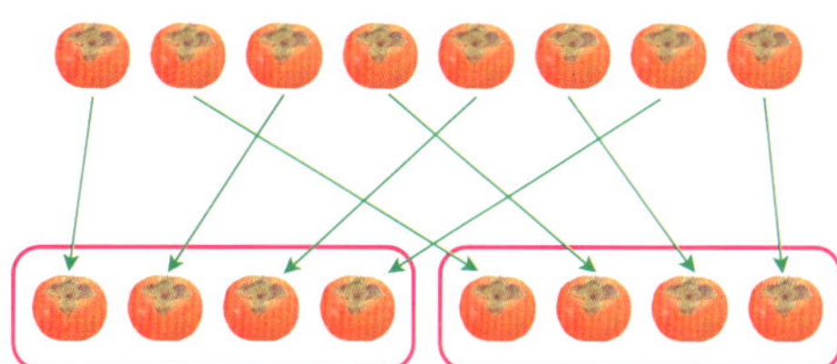

---

1. ☐ 안에 알맞은 말을 써넣으시오.

나눗셈식 $20 \div 5 = 4$에서 몫 4는

(1) 20에서 5를 4번 묶어 덜어 낼 수 있다는 ☐☐

(2) 20에서 5를 4번 빼면 0이 된다는 ☐☐

(3) 20을 5곳으로 똑같게 나누면 한 곳에 4개씩이라는 ☐☐

2. 똑같이 묶어 덜어 내는 나눗셈식 18÷6=3에서 몫 3이 나타내는 뜻을 알아보시오.

(1)
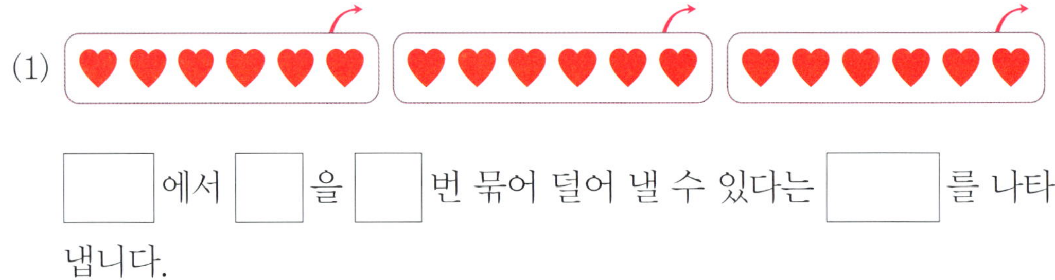

□ 에서 □ 을 □ 번 묶어 덜어 낼 수 있다는 □ 를 나타 냅니다.

(2) 18-6-6-6=0

□ 에서 □ 을 □ 번 빼면 0이 된다는 □ 를 나타냅니다.

3. 똑같게 나누는 나눗셈식 9÷3=3에서 몫 3이 나타내는 뜻을 알아보시오.

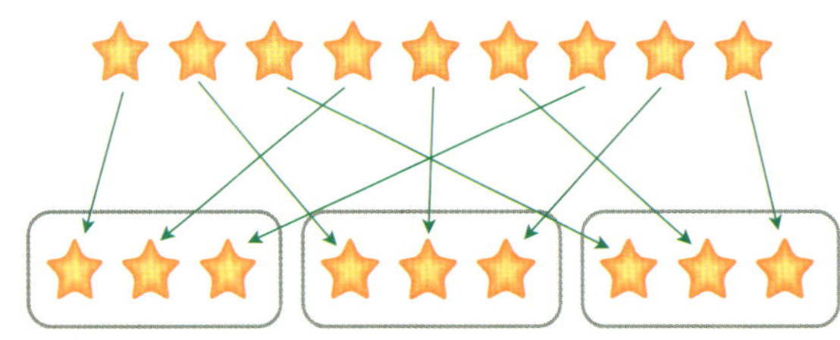

□ 를 □ 곳으로 똑같게 나누면 한 곳에 □ 개씩이라는 □ 를 나타냅니다.

◆ **곱셈과 나눗셈의 관계**

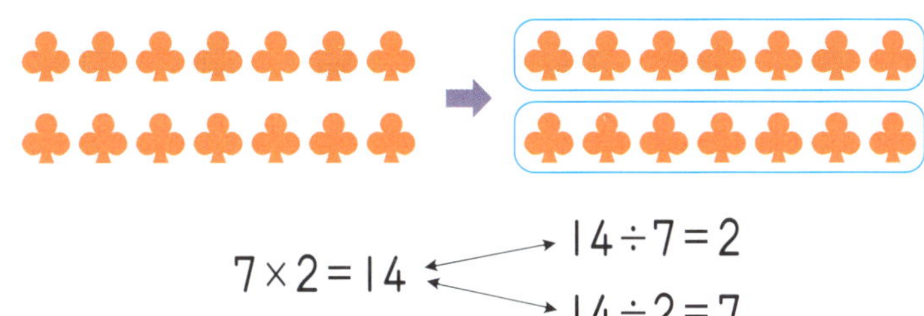

$$7 \times 2 = 14 \quad \begin{cases} 14 \div 7 = 2 \\ 14 \div 2 = 7 \end{cases}$$

🐸 다음 그림을 보고 곱셈과 나눗셈의 관계를 알아보시오.(1~3)

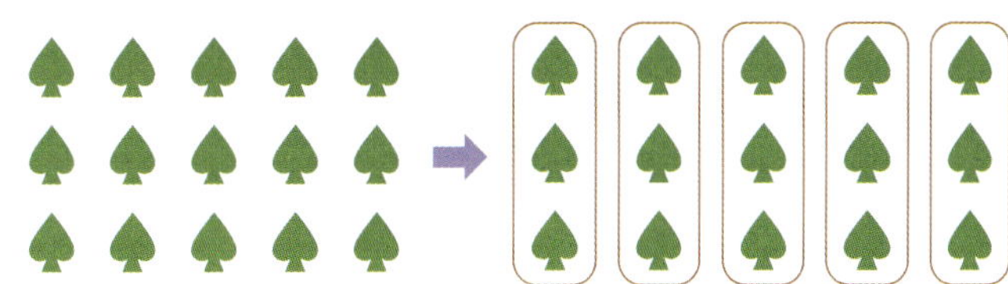

1. 곱셈식을 써 보시오.　　　　　$3 \times \boxed{} = \boxed{}$

2. 곱셈식을 보고 나눗셈식 2개를 써 보시오.

$$15 \div \boxed{} = \boxed{} \ , \ 15 \div \boxed{} = \boxed{}$$

3. □ 안에 알맞은 수를 써넣으시오.

$$3 \times 5 = 15 \quad \begin{cases} 15 \div 3 = \boxed{} \\ 15 \div 5 = \boxed{} \end{cases}$$

4. 곱셈식을 보고 나눗셈식 2개를 써 보시오.

$$4 \times 7 = 28$$

$$\square \div \square = \square$$

$$\square \div \square = \square$$

5. 나눗셈식을 보고 곱셈식 2개를 써 보시오.

$$24 \div 6 = 4$$

$$\square \times \square = \square$$

$$\square \times \square = \square$$

6. 그림을 보고 곱셈식과 나눗셈식을 써 보시오.

곱셈식 _______________________________

나눗셈식 _____________________________ ,

G-66a

❋ 이름 :

❋ 날짜 :

❋ 시간 : 　시　　분 ～　시　　분

확인

1. 구슬이 27개 있습니다. 한 명에게 9개씩 나누어 주려고 합니다. 몇 명에게 나누어 줄 수 있는지 알아보시오.

(1) 구슬 27개를 9개씩 묶어 덜어 내시오.

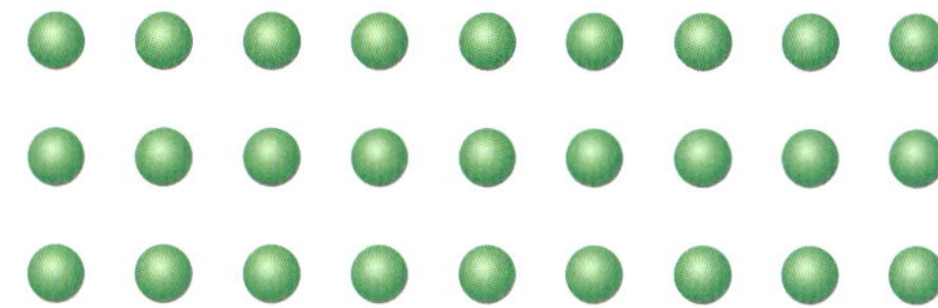

(2) 식을 만들어 답을 구하시오.

[식]　　　　　　　　　　　　　　　　[답]

2. 어린이 3명이 풍선 18개를 똑같게 나누어 가지려고 합니다. 어린이 한 명이 풍선을 몇 개씩 가지게 되는지 알아보시오.

(1) 풍선 18개를 3곳으로 똑같게 나누어 ○로 나타내시오.

(2) 식을 만들어 답을 구하시오.

[식]　　　　　　　　　　　　　　　　[답]

3. 나눗셈식 27÷9＝3에서 몫이 나타내는 뜻을 쓰시오.

(1) 똑같이 묶어 덜어 내는 경우

(2) 똑같게 나누는 경우

4. 곱셈식을 보고 나눗셈식 2개를 써 보시오.

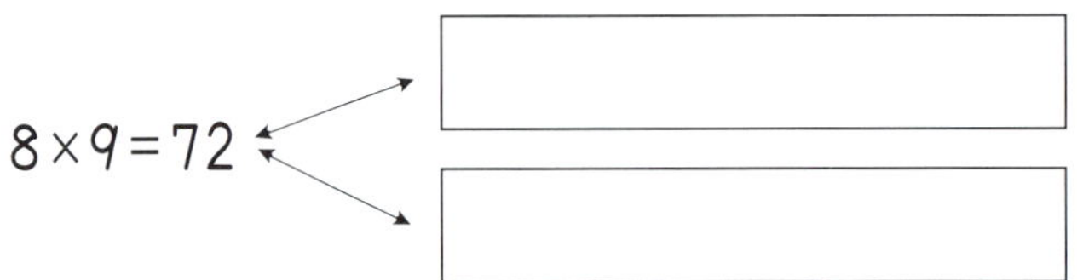

$8 \times 9 = 72$

5. 그림을 보고 곱셈식과 나눗셈식을 쓰시오.

곱셈식

나눗셈식   ,

G-67a

✿ 이름 :

✿ 날짜 :

✿ 시간 :　시　분 ~ 　시　분

◆ **나눗셈의 몫을 구하는 방법 ①**

나눗셈식 $12 \div 2 = \square$ 의 몫을 구하는 방법

• 그림 12개에서 2개씩 묶어 덜어 내면 6번입니다.

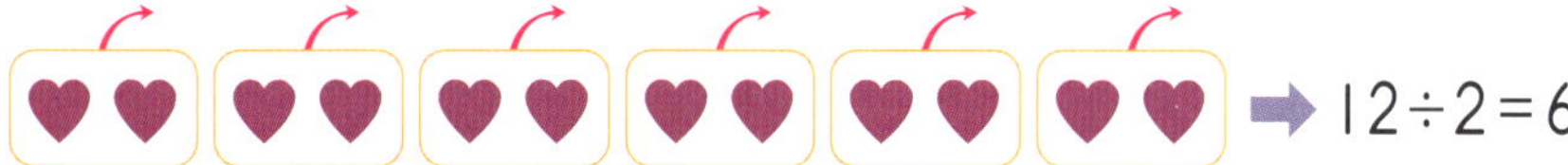 ➡ $12 \div 2 = 6$

• 12에서 0이 될 때까지 2를 빼는 뺄셈식을 써서 구하면 6번입니다.

$$12 - 2 - 2 - 2 - 2 - 2 - 2 = 0 \;\Rightarrow\; 12 \div 2 = 6$$

6번

🐸 딸기가 12개 있습니다. 나눗셈식 $12 \div 4 = \square$ 의 몫을 구하는 방법을 알아보시오.(1~2)

1. 딸기 12개를 4개씩 묶고, 덜어 내면서 몫을 구하시오.

$$12 \div 4 = \boxed{}$$

2. 12에서 0이 될 때까지 4를 빼는 뺄셈식을 만들어서 몫을 구하시오.

$$12 - \boxed{} - \boxed{} - \boxed{} = 0 \;\Rightarrow\; 12 \div 4 = \boxed{}$$

사고력 학습

◆ **나눗셈의 몫을 구하는 방법 ②**

나눗셈식 12÷2=□의 몫을 구하는 방법

• 그림 12개를 2곳으로 똑같게 나누면 한 곳에 6개씩입니다.

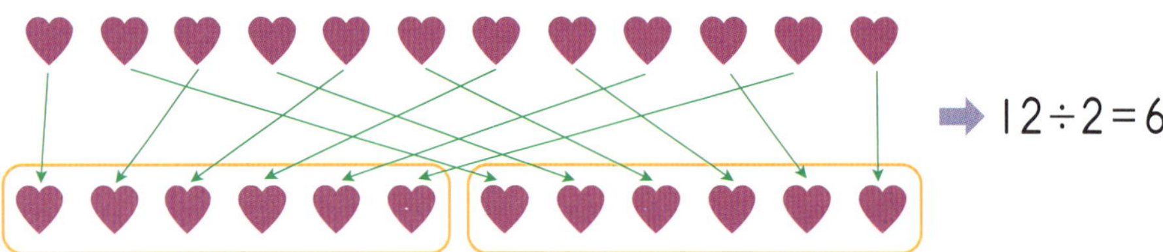

➡ 12÷2=6

• 곱셈과 나눗셈의 관계로 알아보면 6입니다.

$$12÷2=6 ↔ 2×6=12$$

딸기가 12개 있습니다. 나눗셈식 12÷4=□의 몫을 구하는 방법을 알아보시오.(3~4)

3. 딸기 12개를 4곳으로 똑같게 나누어 ○로 나타낸 후 몫을 구하시오.

➡ 12÷4=□

4. 곱셈과 나눗셈의 관계를 써서 몫을 구하시오.

$$12÷4=\boxed{} ↔ 4×\boxed{}=12$$

 사고력 학습

1. 곱셈식을 이용하여 나눗셈식의 몫을 구하시오.

(1) $21 \div 3 = \boxed{} \leftrightarrow 3 \times \boxed{} = 21$

(2) $40 \div 8 = \boxed{} \leftrightarrow 8 \times \boxed{} = 40$

2. 9의 단 곱셈구구를 이용하여 몫을 구하시오.

(1) $18 \div 9 = \boxed{}$ (2) $36 \div 9 = \boxed{}$

(3) $63 \div 9 = \boxed{}$ (4) $81 \div 9 = \boxed{}$

3. 나눗셈의 몫을 구하시오.

(1) $16 \div 2 = \boxed{}$ (2) $24 \div 4 = \boxed{}$

(3) $36 \div 6 = \boxed{}$ (4) $56 \div 7 = \boxed{}$

4. ☐ 안에 알맞은 수를 써넣으시오.

(1) 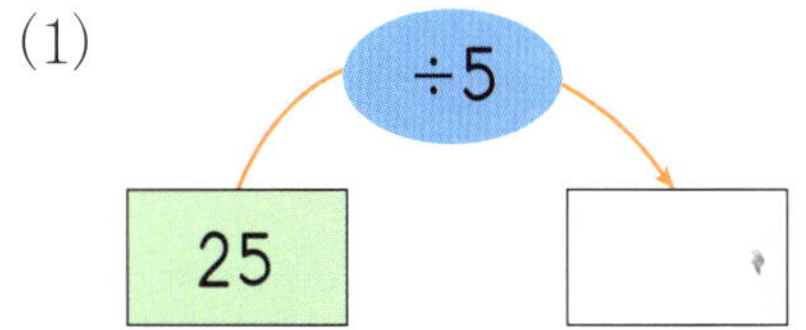

(2) 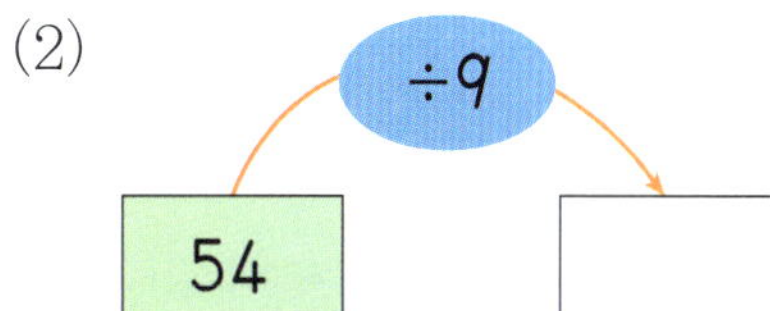

◆ **나눗셈식의 세로 형식**

$$32 \div 4 = 8 \quad \Rightarrow \quad 4\overline{)3\ 2} \quad \to 8$$

몫은 나눠지는 수의 일의 자리 위에 맞게 씁니다.

5. 나눗셈식의 ☐ 안에 알맞은 수를 써넣으시오.

(1) $36 \div 4 = 9 \quad \Rightarrow \quad \square\,\overline{)3\ 6}\ ^{\square}$

(2) $56 \div 8 = 7 \quad \Rightarrow \quad \square\,\overline{)5\ 6}\ ^{\square}$

6. 나눗셈식의 ☐ 안에 알맞은 수를 써넣으시오.

(1) $5\overline{)3\ 0}\ ^{6} \quad \Rightarrow \quad 30 \div \square = \square$

(2) $6\overline{)5\ 4}\ ^{9} \quad \Rightarrow \quad 54 \div \square = \square$

사고력 학습

1. 나눗셈을 세로 형식으로 나타내시오.

(1) $18 \div 2 = 9$ ➡

(2) $35 \div 5 = 7$ ➡

2. 나눗셈을 세로 형식으로 써 보시오.

(1) $32 \div 8 = 4$

(2) $27 \div 3 = 9$

3. 나눗셈의 몫을 구하시오.

(1) $7 \overline{)3\,5}$

(2) $6 \overline{)4\,8}$

(3) $4 \overline{)1\,6}$

(4) $9 \overline{)7\,2}$

사고력 학습

어머니께서 이웃 할머니들께 배를 나누어 드리려고 한 묶음에 4개씩 들어 있는 배를 20개 사셨습니다. 어머니께서 사신 배는 모두 몇 묶음인지 알아보시오.(4~7)

4. 문제의 뜻에 알맞게 묶어 덜어 내시오.

5. 4번의 그림에 알맞게 곱셈식을 써 보시오.

$$4 \times \boxed{} = 20$$

6. 5번의 곱셈식을 보고 나눗셈식을 써 보시오.

$$\boxed{} \div 4 = \boxed{}$$

7. 어머니께서는 배를 몇 묶음 사셨습니까?

[답]

1. 정섭이는 친구들에게 나누어 주려고 색연필을 7묶음 샀습니다. 정섭이가 산 색연필이 14자루라고 할 때 한 묶음에 몇 자루씩 들어 있습니까?

- 곱셈식 : □ ×7=14
- 나눗셈식 : 14÷7= □
- 한 묶음에 □ 자루

2. 색종이 27장을 한 사람에게 3장씩 나누어 주면 몇 사람에게 나누어 줄 수 있습니까?

3× □ = □ ➡ □ ÷ □ = □

[답]

3. 우리 반 친구들은 30명입니다. 6모둠으로 나누어 청소를 하려면 한 모둠을 몇 명으로 하면 됩니까?

□ ×6= □ ➡ □ ÷ □ = □

[답]

다음 문제에 알맞은 나눗셈식을 만들어 답을 구하시오.(4~7)

4. 한 모둠에 학생이 6명씩 있습니다. 학생이 42명이면 몇 모둠입니까?

[식]　　　　　　　　　　　　　　　　[답]

5. 길이가 같은 색 테이프 8개의 길이를 재어 보니 48 cm입니다. 색 테이프 한 개의 길이는 몇 cm입니까?

[식]　　　　　　　　　　　　　　　　[답]

6. 도서실에 의자 45개를 사 왔습니다. 책상 한 개에 의자를 5개씩 놓으려면 책상이 몇 개 있어야 합니까?

[식]　　　　　　　　　　　　　　　　[답]

7. 놀이터에서 어린이 7명이 놀고 있습니다. 구슬 49개를 똑같이 나누어 가지고 구슬놀이를 하려고 합니다. 한 사람이 몇 개씩 가지면 됩니까?

[식]　　　　　　　　　　　　　　　　[답]

🐸 참외가 10개 있습니다. 나눗셈식 $10 \div 2 = \square$의 몫을 구하는 방법을 알아보시오.(1~4)

1. 참외 10개를 2개씩 묶고, 덜어 내면서 몫을 구하시오.

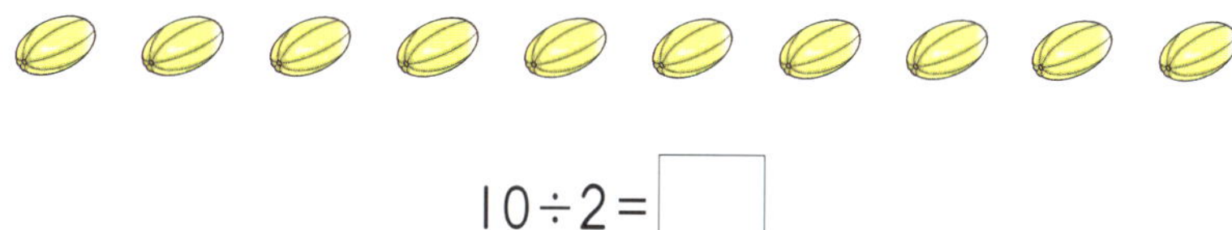

$$10 \div 2 = \square$$

2. 10에서 0이 될 때까지 2를 빼는 뺄셈식을 만들어서 몫을 구하시오.

$$10 - \square - \square - \square - \square - \square = 0 \;\Rightarrow\; 10 \div 2 = \square$$

3. 참외 10개를 2곳으로 똑같게 나누어 ○로 나타낸 후 몫을 구하시오.

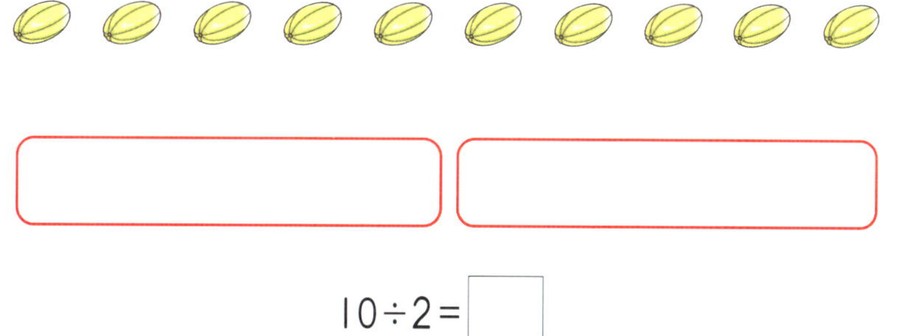

$$10 \div 2 = \square$$

4. 곱셈과 나눗셈의 관계를 써서 몫을 구하시오.

$$10 \div 2 = \square \;\leftrightarrow\; 2 \times \square = 10$$

5. 나눗셈의 몫을 구하시오.

(1) $63 \div 7 =$ ☐

(2) $35 \div 5 =$ ☐

(3) $45 \div 9 =$ ☐

(4) $12 \div 2 =$ ☐

(5) $4\,)\overline{2\ 8}$

(6) $8\,)\overline{6\ 4}$

(7) $3\,)\overline{1\ 5}$

(8) $6\,)\overline{2\ 4}$

6. 혜진이네 반 학생 36명은 4팀으로 똑같게 나누어 배구 경기를 하려고 합니다. 한 팀은 몇 명이 되는지 세로 형식의 나눗셈식을 이용하여 알아보시오.

[식]

[답]

7. 장미가 21송이 있습니다. 꽃병 하나에 7송이씩 꽂으려고 합니다. 꽃병은 몇 개가 필요한지 나눗셈식을 만들어 답을 구하시오.

[식]   [답]

1. 나눗셈식 30÷6＝5를 보고 □ 안에 알맞은 수를 써넣으시오.

(1) 30에 □이 □번 들어 있습니다.

(2) 30을 □ 곳으로 똑같게 나누면 한 곳에 □개씩 됩니다.

2. 연필과 사람을 이용하여 묶이 6인 묶음을 나타내는 나눗셈과 똑같게 나누는 나눗셈에 알맞은 문장을 만들어 보시오.

(1) 묶음을 나타내는 나눗셈

(2) 똑같게 나누는 나눗셈

3. 곱셈식을 나타내는 다음 글을 읽고 똑같이 묶어 덜어 내는 나눗셈식에 알맞은 문장을 만들어 보시오.

> 운동장에 학생들이 한 줄에 5명씩 8줄로 서 있습니다.

4. 몫이 같은 나눗셈끼리 선으로 이으시오.

32÷8 •	• 18÷2
54÷6 •	• 42÷7
18÷3 •	• 20÷5

5. 세 나눗셈의 몫 ㉠, ㉡, ㉢의 합을 구하시오.

$$5\overline{)40}^{\,㉠}, \quad 7\overline{)14}^{\,㉡}, \quad 8\overline{)72}^{\,㉢}$$

[답] __________________________

6. 문제에 알맞은 나눗셈식을 만들어 답을 구하시오.

(1) 사탕이 24개 있습니다. 한 명에게 3개씩 나누어 주려고 합니다. 몇 명에게 나누어 줄 수 있습니까?

[식] __________________________   [답] __________

(2) 56쪽인 동화책을 매일 같은 쪽수씩 읽어 8일 동안 모두 읽었습니다. 하루에 몇 쪽씩 읽었습니까?

[식] __________________________   [답] __________

G-73a

★ 이름 :
★ 날짜 :
★ 시간 :　　시　　분 ~ 　　시　　분

 창의력 학습

3대의 자동차가 경주를 하고 있습니다. 각 차의 안쪽 모습이 그림과 같을 때 가장 빨리 달리는 자동차와 가장 늦게 달리는 자동차는 어느 것입니까?

가

나

다

다음 모양을 오린 후 모두 사용하여 알파벳 E를 만들어 보시오.

🌸 이름 :

🌸 날짜 :

🌸 시간 :　시　분 ～　시　분

확인

➗ 경시 대회 예상 문제

1. ☐ 안에 알맞은 수를 써넣으시오.

(1) ☐ $\div 2 = 8$

(2) $45 \div$ ☐ $= 9$

(3) ☐ $\div 7 = 4$

(4) $63 \div$ ☐ $= 7$

2. ☐ 안에 알맞은 수를 써넣으시오.

(1) $32 \div 4 = 2 \times$ ☐

(2) $40 \div 8 = 25 \div$ ☐

(3) $3 \times$ ☐ $= 54 \div 9$

(4) $42 \div$ ☐ $= 21 \div 3$

3. 빈 곳에 알맞은 수를 써넣으시오.

(1) $64 \div ㉠ = 8$
$8 \div ㉡ = 4$
➡ $㉠ \div ㉡ =$ ☐

(2)

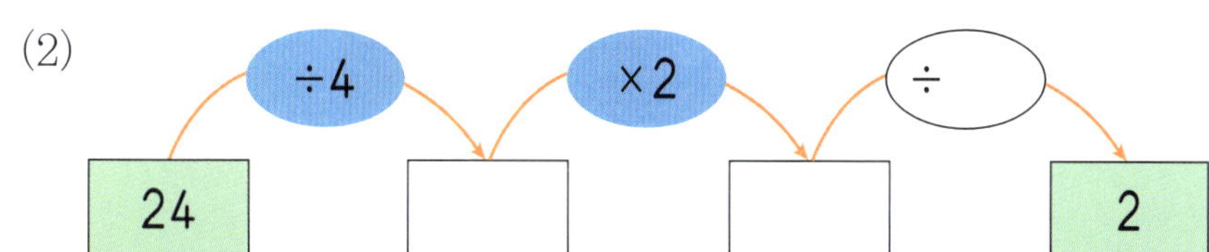

4. □ 안에 들어갈 수 있는 수를 모두 찾아 ◯표 하시오.

(1) $20 \div 5 < 24 \div \square$　　　　(3, 4, 6, 8)

(2) $18 \div \square > 16 \div 8$　　　　(2, 3, 6, 9)

5. 빈칸에 알맞은 수를 써넣으시오.

(1)

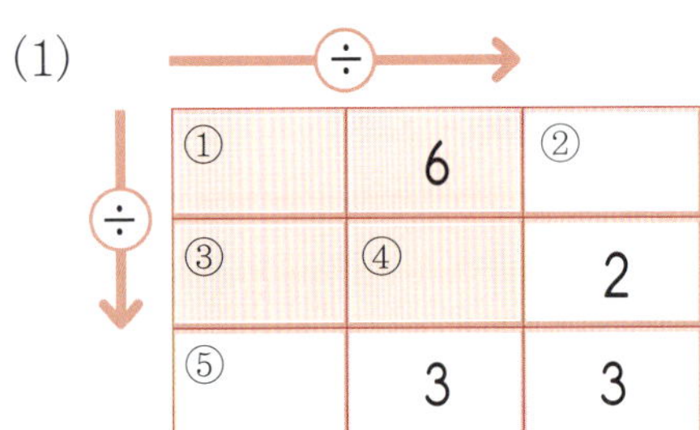

(2)

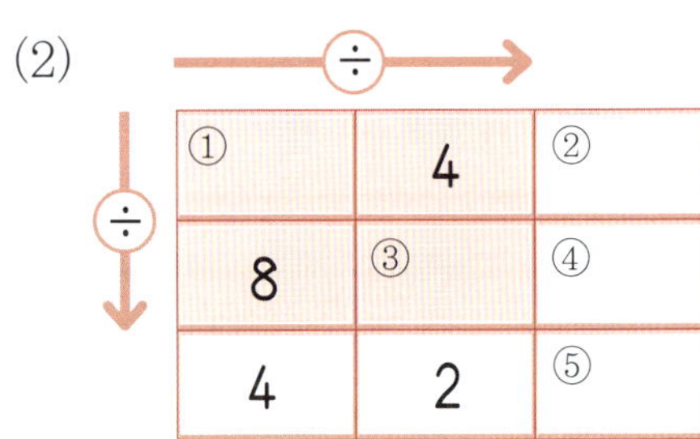

6. 숫자 카드 5장 중에서 3장을 뽑아, 다음 나눗셈식이 완성되도록 □ 안에 알맞은 숫자를 써넣으시오.

0 , 1 , 2 , 4 , 5

$$\boxed{}\,\boxed{} \div \boxed{} = 3$$

7. ○ 안에 +, −, ×, ÷의 기호를 알맞게 써넣으시오.

    (1) 12 ◯ 4 = 56 ◯ 7   (2) 16 ◯ 4 = 1 ◯ 4

    (3) 7 ◯ 2 = 81 ◯ 9   (4) 15 ◯ 5 = 10 ◯ 7

8. 어떤 수의 9배를 6으로 나누었더니 몫이 6이 되었습니다. 어떤 수는 얼마입니까?

[답]

9. 어떤 수를 9로 나누어야 하는데 잘못하여 더했더니 81이 되었습니다. 바르게 계산하면 얼마입니까?

[답]

10. 한 판이 8조각으로 나누어진 피자 3판을 6명의 친구들이 똑같게 나누어 먹으려고 합니다. 한 명이 몇 조각씩 먹을 수 있습니까?

[답]

11. 길이가 48 m인 도로의 양쪽에 시작점부터 8 m 간격으로 가로등을 설치하려고 합니다. 가로등은 모두 몇 개 필요합니까?

[답]

서술형·논술형

12. 12÷3의 몫은 4입니다. 왜 12÷3=4인지 서로 다른 2가지 방법으로 설명하시오.

-

-

서술형·논술형

13. 곱셈식 7×5=35를 이용하여 나눗셈식 35÷7=□에 알맞은 문제를 만드시오.

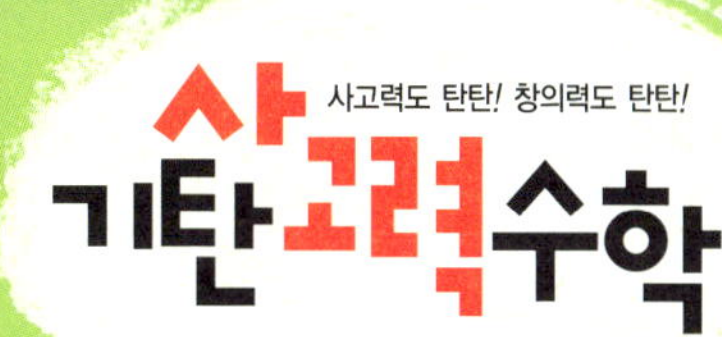

G2

G76a ~ G90b

학습 관리표

학습 내용		이번 주는?
평면도형의 이동	· 평면도형 밀기 · 평면도형 뒤집기 · 평면도형 돌리기 · 평면도형 뒤집고 돌리기 · 창의력 학습 · 경시 대회 예상 문제	• 학습 방법 : ① 매일매일　② 가끔　③ 한꺼번에 　　　　　　하였습니다. • 학습 태도 : ① 스스로 잘　② 시켜서 억지로 　　　　　　하였습니다. • 학습 흥미 : ① 재미있게　② 싫증내며 　　　　　　하였습니다. • 교재 내용 : ① 적합하다고　② 어렵다고　③ 쉽다고 　　　　　　하였습니다.

지도 교사가 부모님께	부모님이 지도 교사께

평가	Ⓐ 아주 잘함　　　Ⓑ 잘함　　　Ⓒ 보통　　　Ⓓ 부족함

원(교)　　　　　반　　이름　　　　　　전화

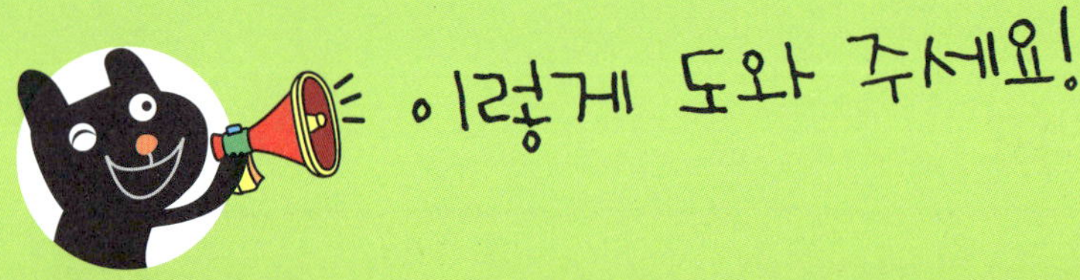

● 학습 목표

– 도형을 여러 방향으로 미는 방법을 알고, 주어진 도형을 여러 방향으로 밀 수 있다.
– 도형을 여러 방향으로 뒤집는 방법을 알고, 주어진 도형을 여러 방향으로 뒤집을 수 있다.
– 도형을 여러 방향으로 돌리는 방법을 알고, 주어진 도형을 여러 방향으로 돌릴 수 있다.
– 주어진 도형을 뒤집고 돌릴 수 있다.

● 지도 내용

– 주어진 도형을 여러 방향으로 밀었을 때 생기는 모양을 생각하고 그려 보게 한다.
– 주어진 도형을 여러 방향으로 뒤집었을 때 생기는 모양을 생각하고 그려 보게 한다.
– 주어진 도형을 여러 방향으로 돌렸을 때 생기는 모양을 생각하고 그려 보게 한다.
– 주어진 도형을 여러 방향으로 뒤집고 돌렸을 때 생기는 모양을 생각하고 그려 보게 한다.

● 지도 요점

모눈종이에 그려진 간단한 도형을 밀기, 뒤집기, 돌리기 활동을 통하여 모양이 어떻게 변해 가는지 관찰하게 합니다. 또, 밀기, 뒤집기, 돌리기 등의 활동을 통하여 제시된 도형이 어떤 과정을 거쳤는지 설명할 수 있도록 지도합니다.
평면도형의 이동은 어린이에게 공간감각을 길러 주어 고학년에서의 평행이동, 대칭이동, 회전이동의 기초를 다지게 합니다.

◆ **평면도형 밀기**

도형을 어느 방향으로 밀어도 도형의 모양과 크기는 변하지 않습니다.

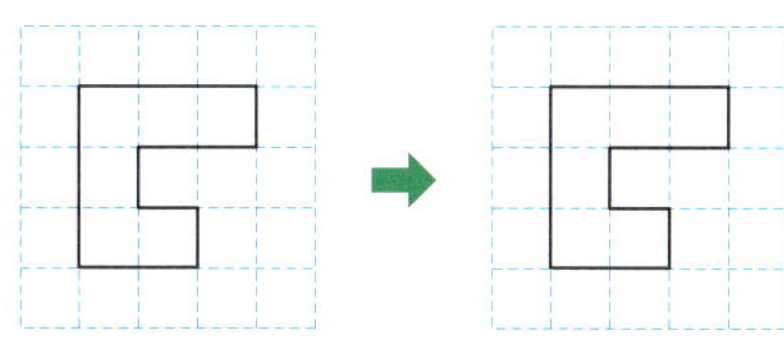

1. 주어진 도형을 왼쪽으로 밀었을 때 생기는 모양은 어느 것입니까?

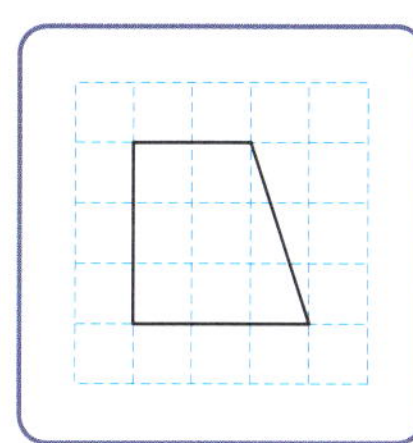　　① 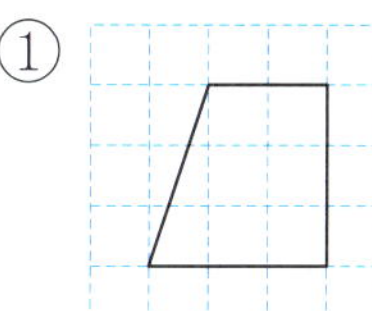　　② 　　③ 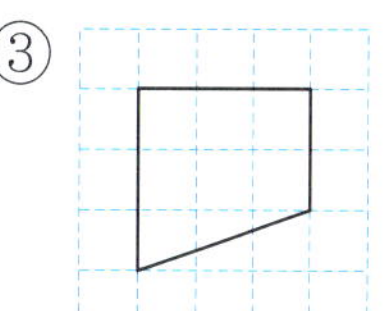

2. 주어진 도형을 위쪽으로 밀었을 때 생기는 모양은 어느 것입니까?

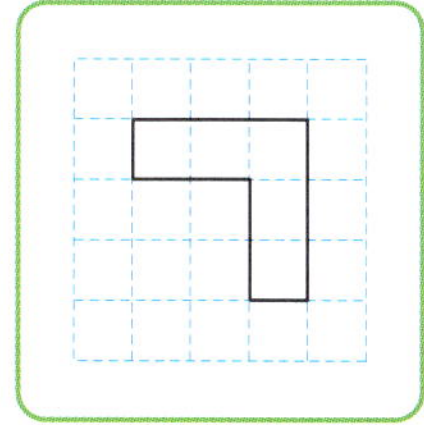　　① 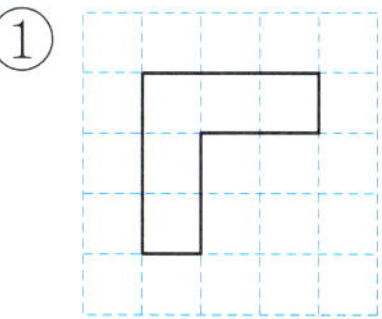　　② 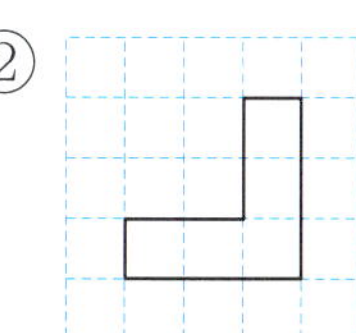　　③ 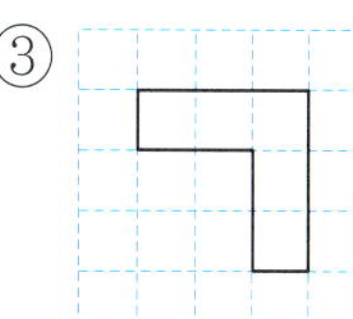

🗨 왼쪽 도형을 오른쪽으로, 오른쪽 도형을 왼쪽으로 밀었을 때 생기는 모양을 그려 보시오.(3~4)

3.

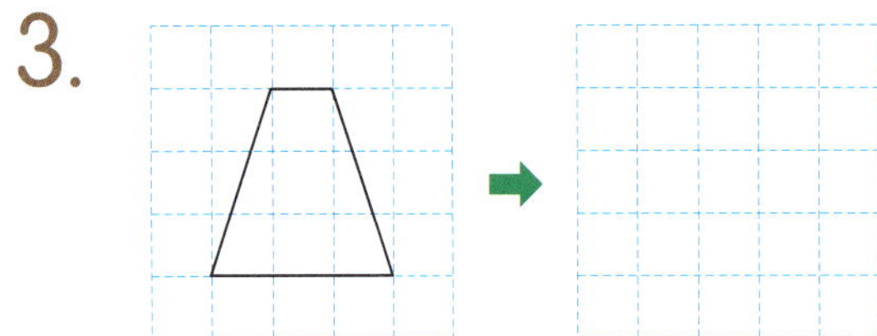

4.

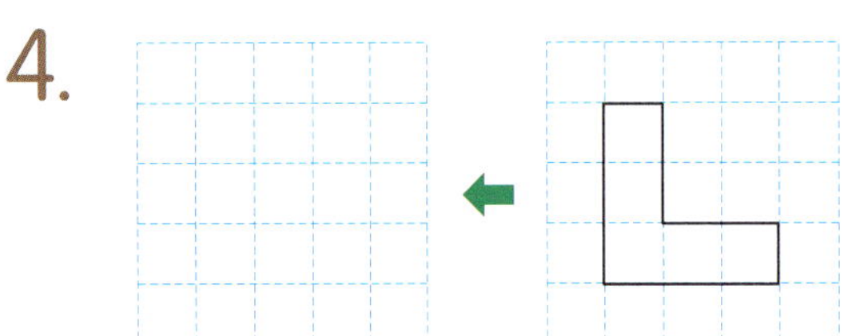

🗨 위쪽 도형을 아래쪽으로, 아래쪽 도형을 위쪽으로 밀었을 때 생기는 모양을 그려 보시오.(5~6)

5.

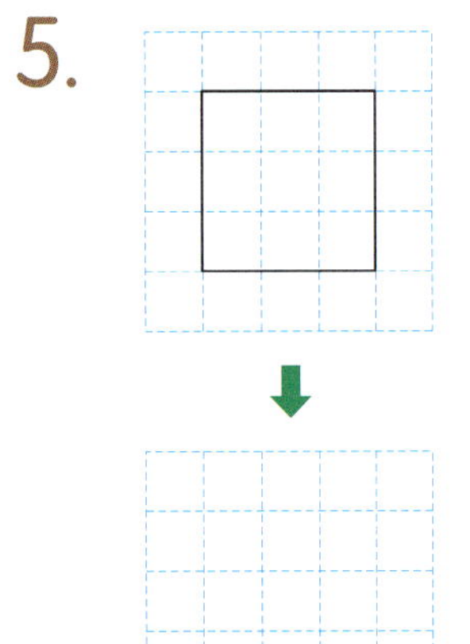

6.

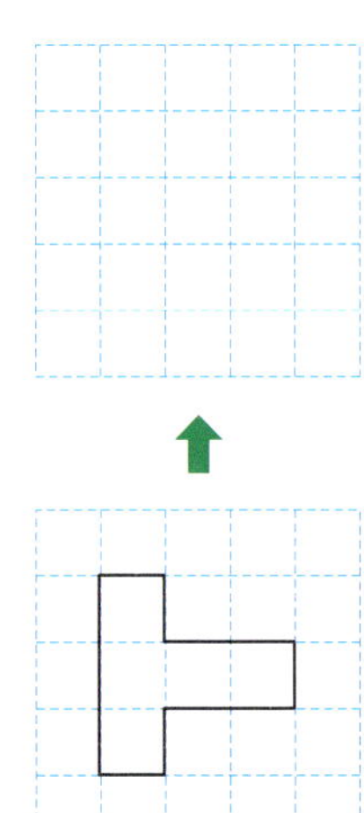

사고력 학습

✿ 이름 :
✿ 날짜 :
✿ 시간 :　　시　　분～　　시　　분

확인

🐸 도형을 여러 방향으로 밀었을 때 생기는 모양을 각각 그려 보고, 물음에 답하시오.(1~3)

1.

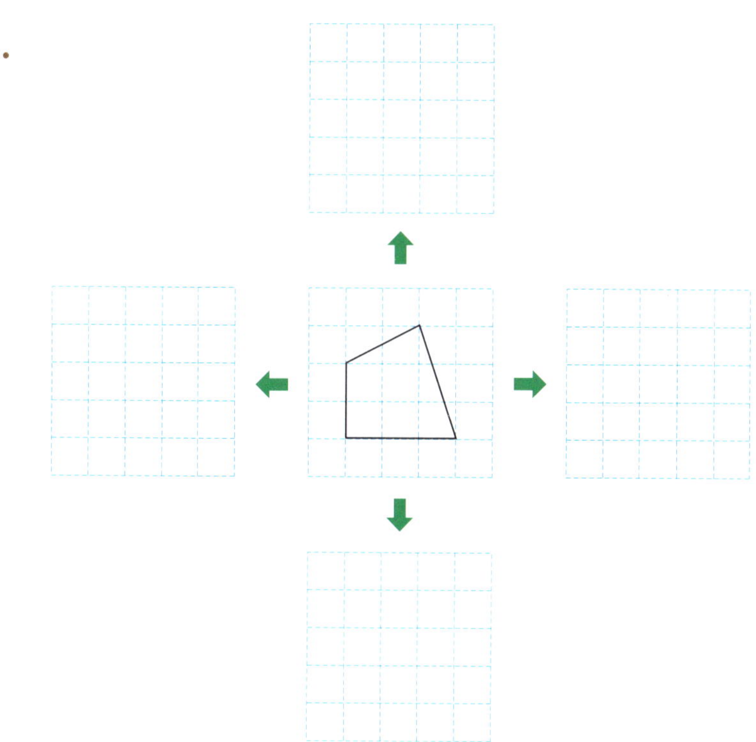

2. 도형을 왼쪽이나 오른쪽으로 밀면 모양과 크기가 변합니까?

(예, 아니요)

3. 도형을 위쪽이나 아래쪽으로 밀면 모양과 크기가 변합니까?

(예, 아니요)

사고력 학습

도형을 여러 방향으로 밀었을 때 생기는 모양을 각각 그려 보시오.(4~5)

4.
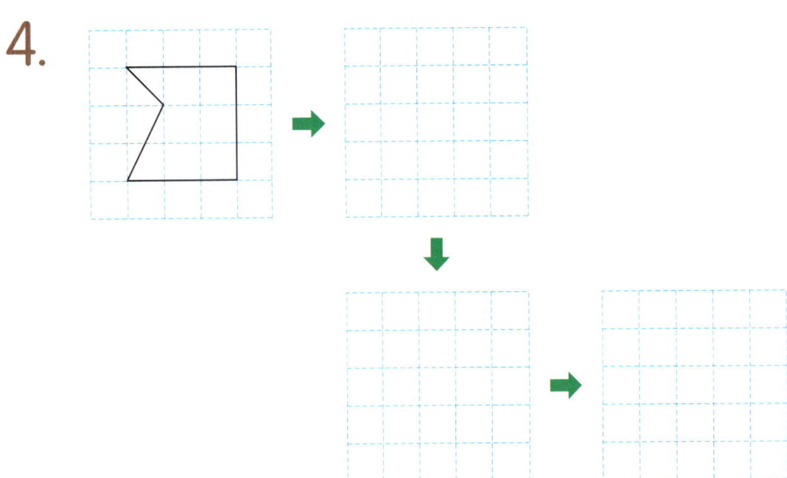

5.
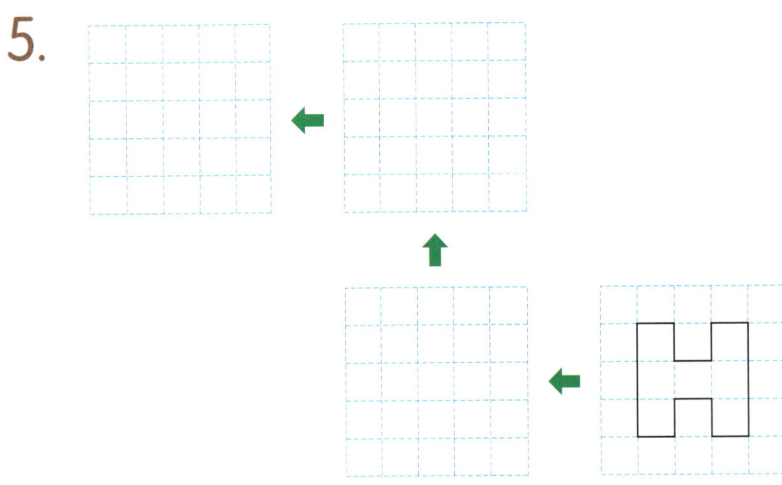

◆ 평면도형 뒤집기

- 도형을 오른쪽이나 왼쪽으로 뒤집으면 도형의 오른쪽 부분은 왼쪽으로, 왼쪽 부분은 오른쪽으로 바뀝니다.

- 도형을 위쪽이나 아래쪽으로 뒤집으면 도형의 위쪽 부분은 아래쪽으로, 아래쪽 부분은 위쪽으로 바뀝니다.

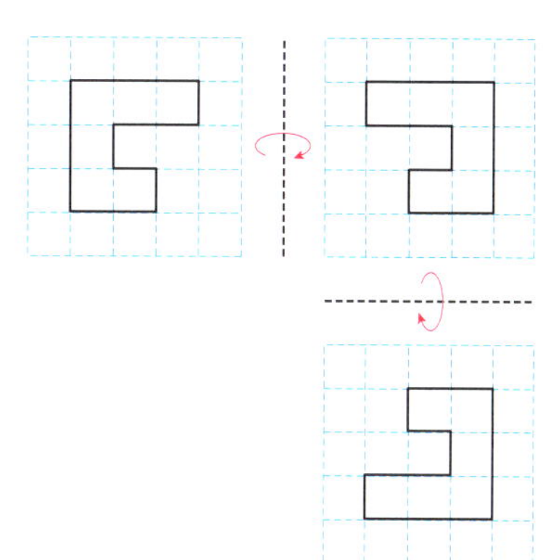

---

1. 주어진 도형을 오른쪽으로 뒤집었을 때 생기는 모양은 어느 것입니까?

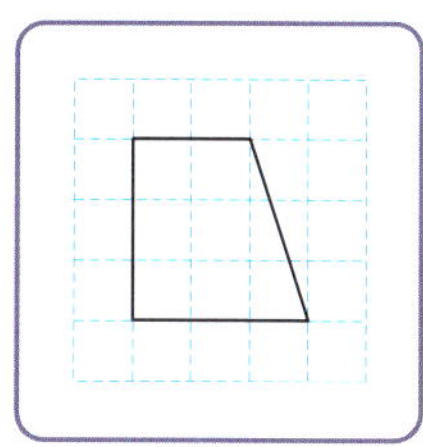

① 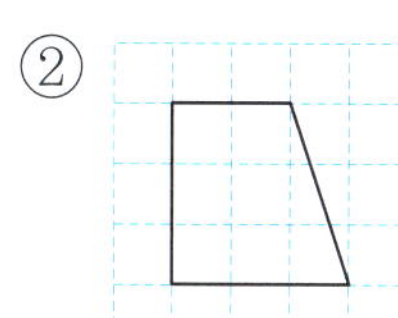

② 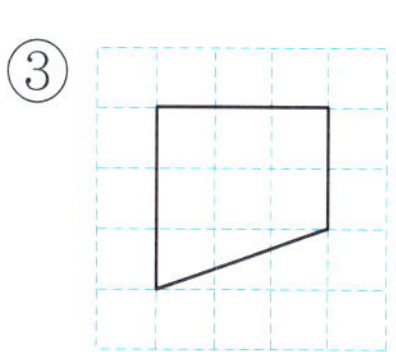

③

---

2. 주어진 도형을 위쪽으로 뒤집었을 때 생기는 모양은 어느 것입니까?

① 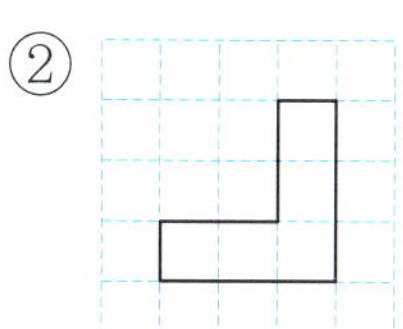

② 

③

왼쪽 도형을 오른쪽으로 뒤집었을 때 생기는 모양을 그려 보시오.(3~6)

3.

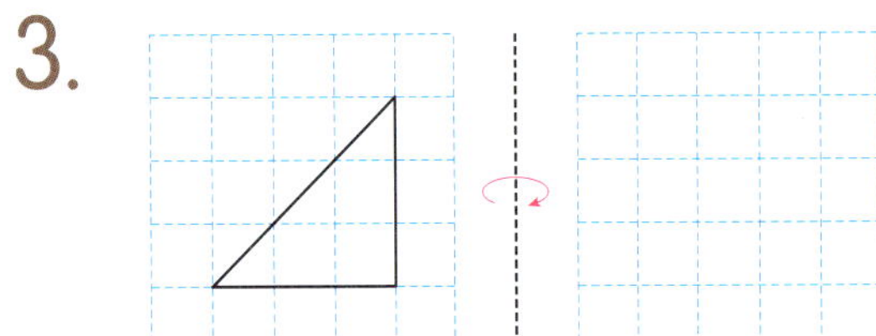

4.

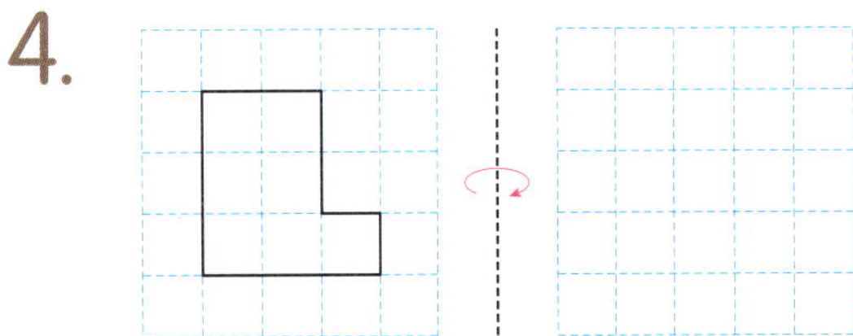

5.

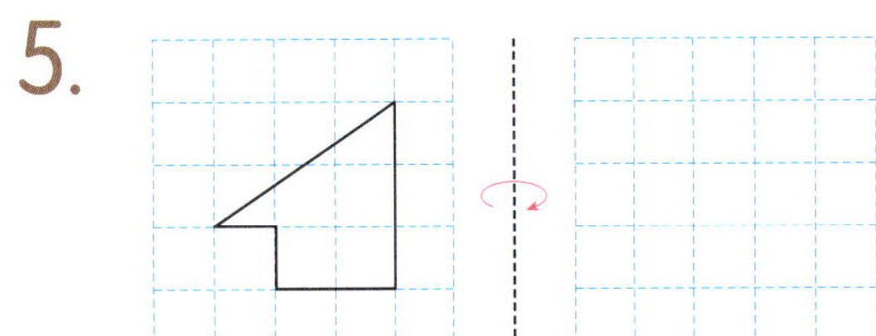

6.

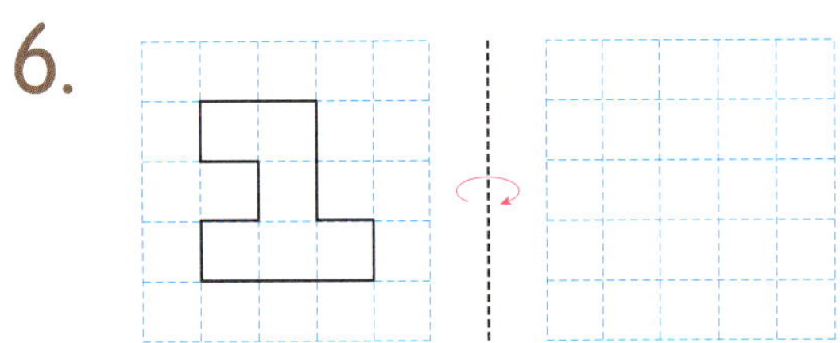

🌸 이름 :

🌸 날짜 :

🌸 시간 :　　시　　분 ~ 　　시　　분

확인

🐸 오른쪽 도형을 왼쪽으로 뒤집었을 때 생기는 모양을 그려 보시오.(1~4)

1.

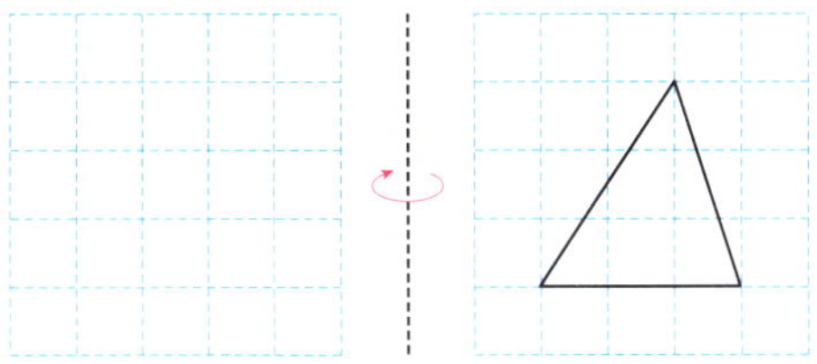

2.

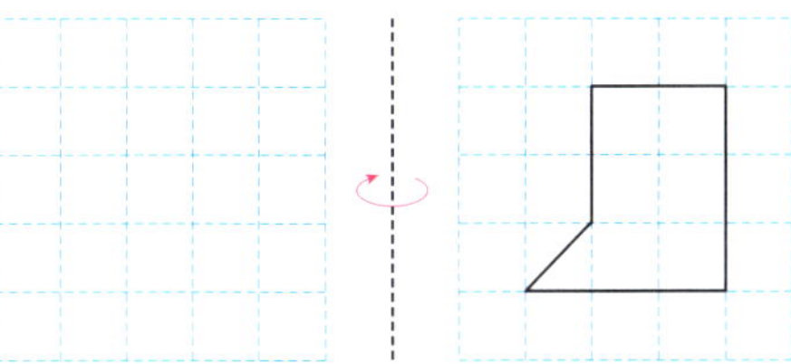

3.

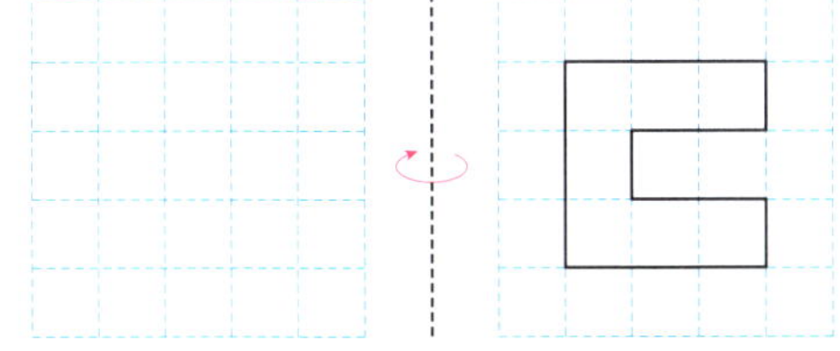

4.

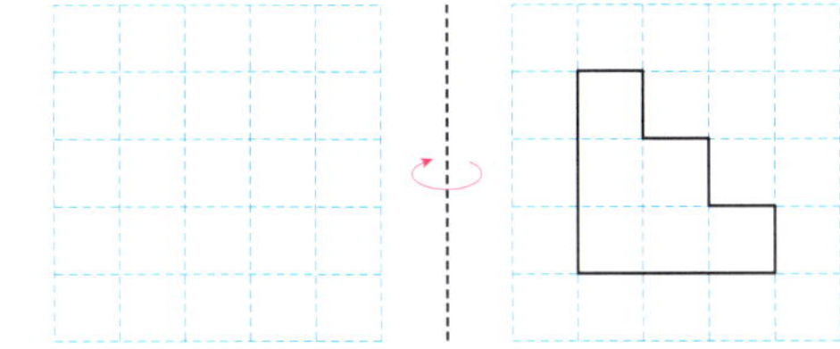

사고력 학습

👻 아래쪽 도형을 위쪽으로 뒤집었을 때 생기는 모양을 그려 보시오.(5~6)

5.

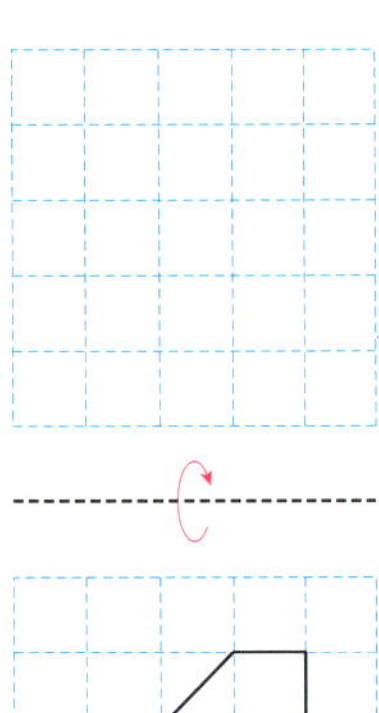

6.

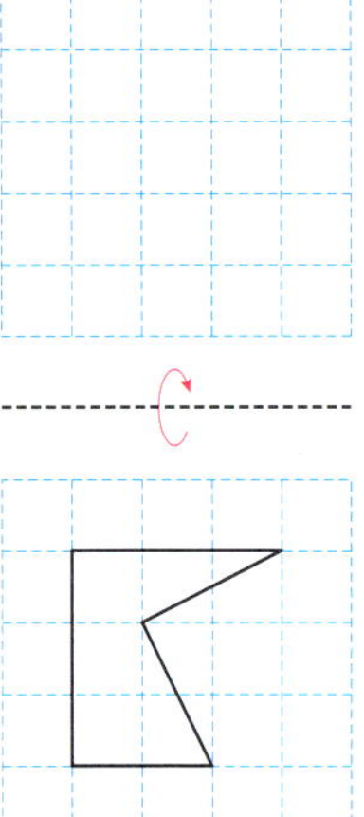

👻 위쪽 도형을 아래쪽으로 뒤집었을 때 생기는 모양을 그려 보시오.(7~8)

7.

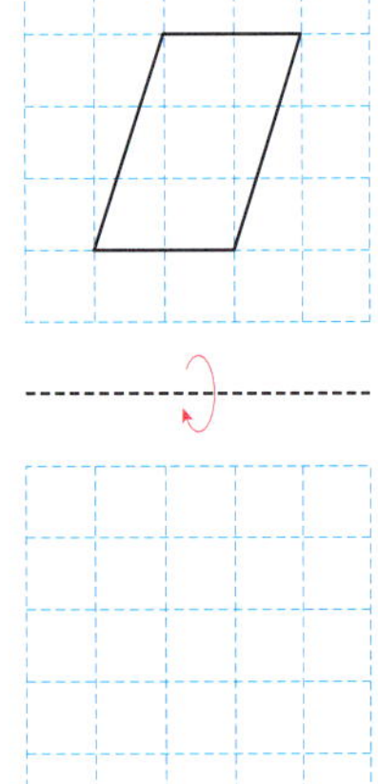

8.

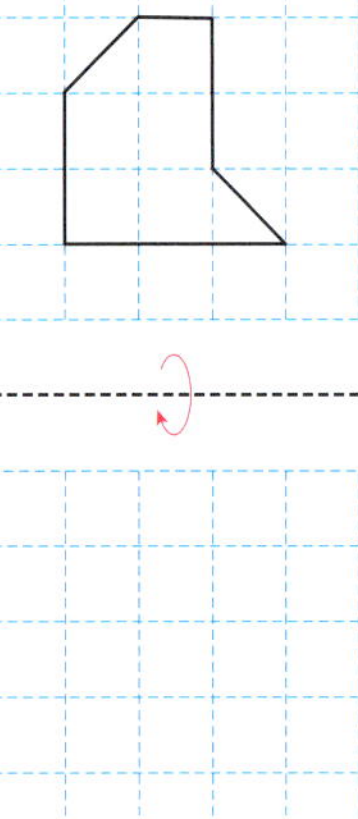

사고력 학습

이름 :

날짜 :

시간 : 　시　분 ~ 　시　분

확인

🐸 도형을 여러 방향으로 뒤집었을 때 생기는 모양을 각각 그려 보고, 물음에 답하시오. (1~3)

1.

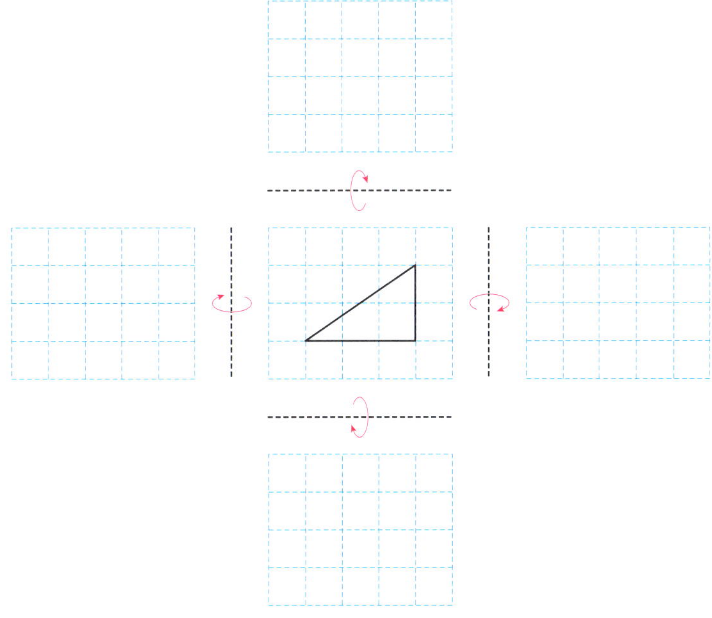

2. 도형을 오른쪽이나 왼쪽으로 뒤집으면 도형의 오른쪽 부분은 왼쪽으로, 왼쪽 부분은 오른쪽으로 바뀝니까?

(예, 아니요)

3. 도형을 위쪽이나 아래쪽으로 뒤집으면 도형의 위쪽 부분은 아래쪽으로, 아래쪽 부분은 위쪽으로 바뀝니까?

(예, 아니요)

사고력 학습

도형을 여러 방향으로 뒤집었을 때 생기는 모양을 각각 그려 보시오.(4~5)

4.

5.

◆ 평면도형 돌리기

도형을  방향으로 돌리면 도형의 모양은 위쪽 부분이 오른쪽 → 아래쪽 → 왼쪽 → 위쪽으로 바뀝니다.

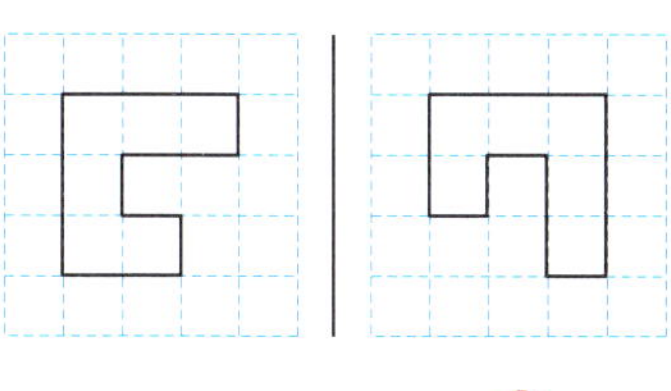
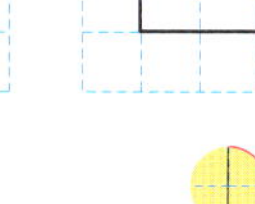
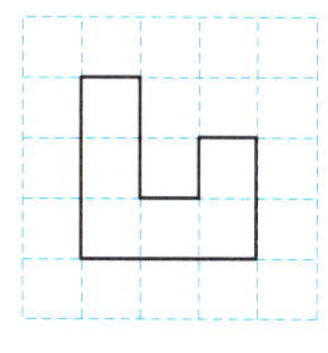
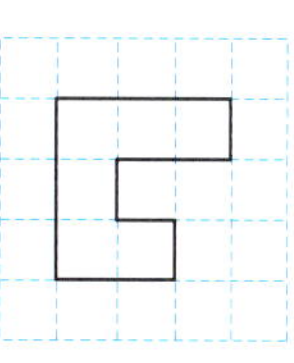

1. 주어진 도형을 방향으로 돌렸을 때 생기는 모양은 어느 것입니까?

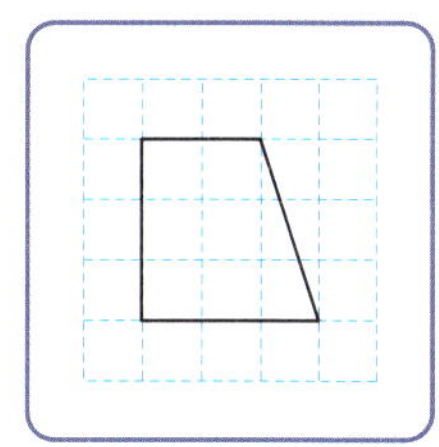

① 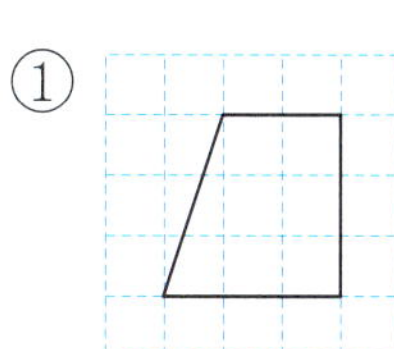　② 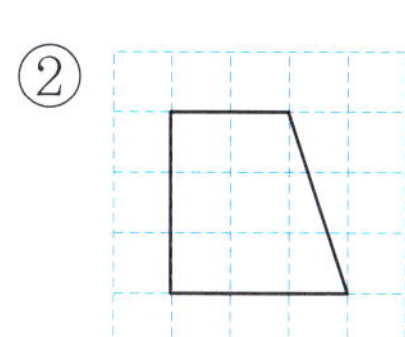　③ 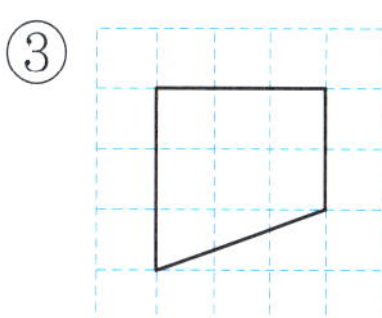

2. 주어진 도형을 방향으로 돌렸을 때 생기는 모양은 어느 것입니까?

① 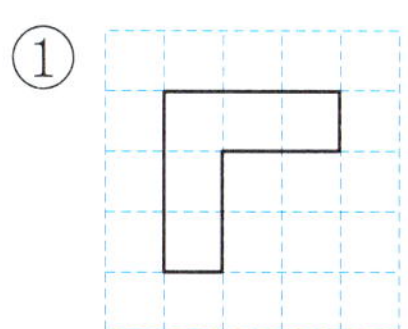　② 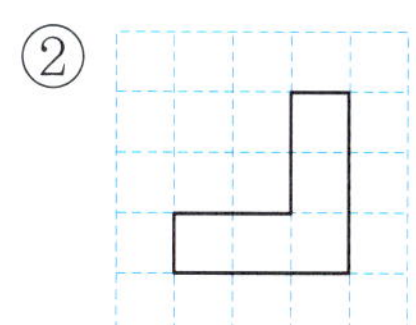　③ 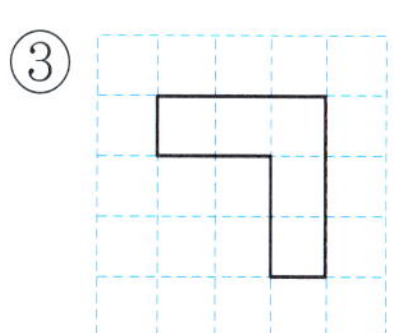

👻 왼쪽 도형을 방향으로 돌렸을 때 생기는 모양을 그려 보시오.(3~4)

3.

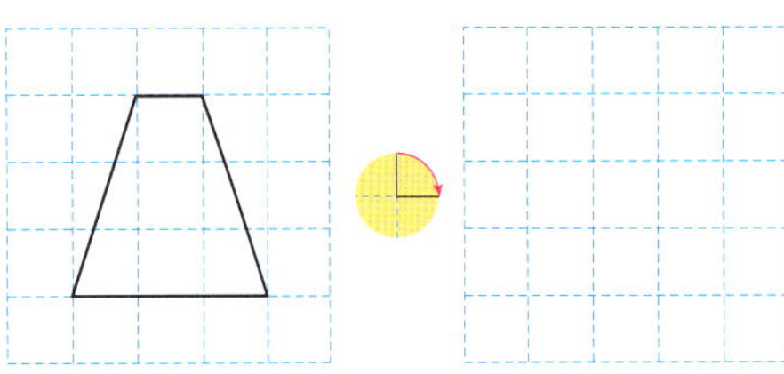

4.

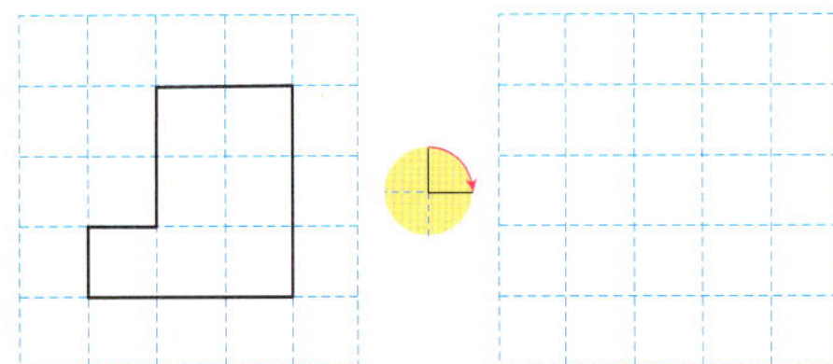

👻 왼쪽 도형을 방향으로 돌렸을 때 생기는 모양을 그려 보시오.(5~6)

5.

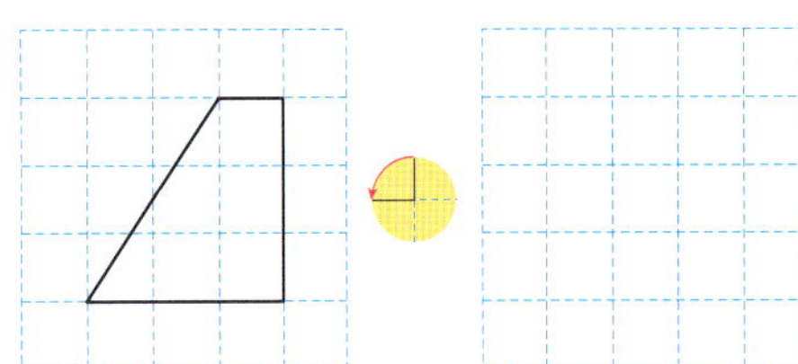

6.

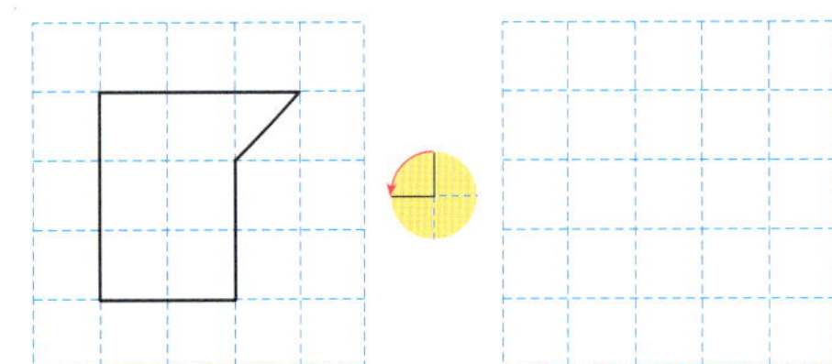

사고력 학습

✱ 이름 :

✱ 날짜 :

✱ 시간 :　　　시　　　분 ~　　　시　　　분

확인

🐸 왼쪽 도형을 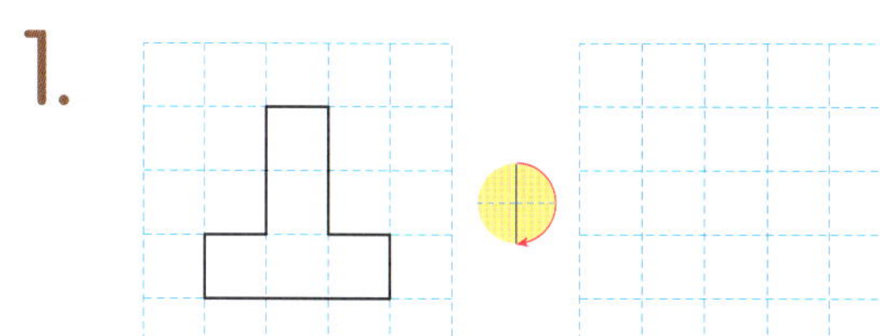 방향으로 돌렸을 때 생기는 모양을 그려 보시오.(1~2)

1.

2.

🐸 왼쪽 도형을 방향으로 돌렸을 때 생기는 모양을 그려 보시오.(3~4)

3.

4. 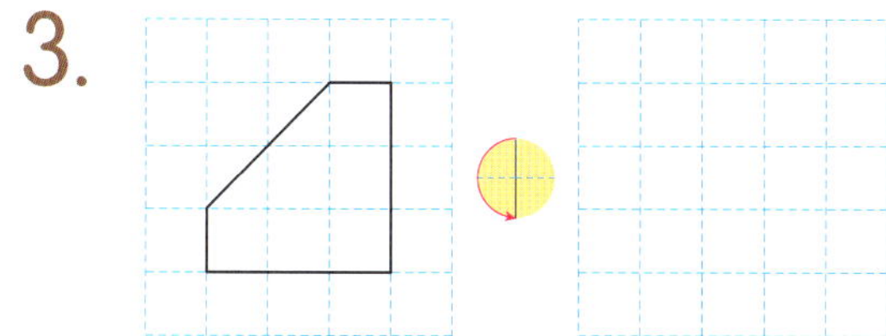

🧡 왼쪽 도형을 ⟳ 방향으로 돌렸을 때 생기는 모양을 그려 보시오.(5~6)

5.

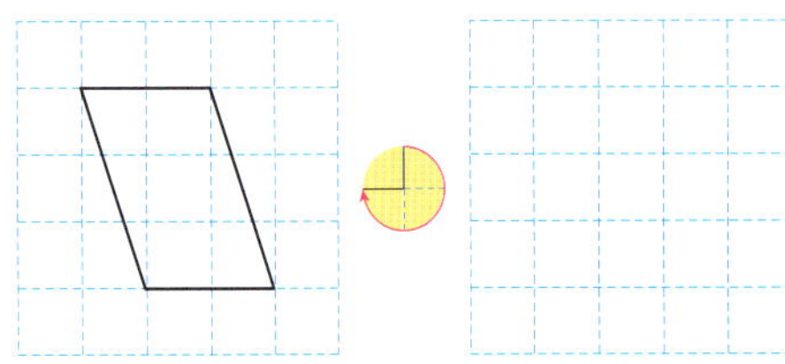

6.

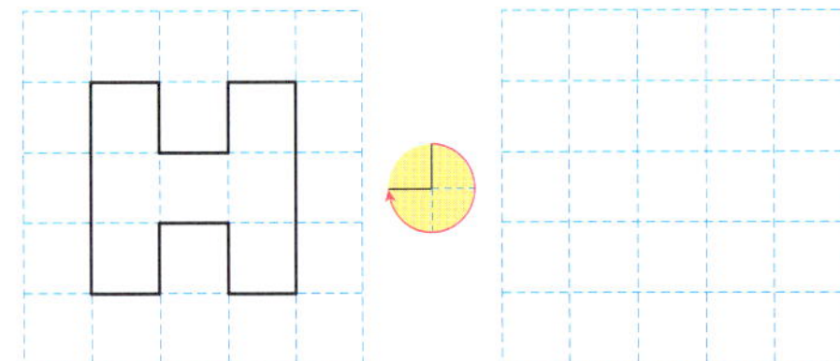

🧡 왼쪽 도형을 ⟳ 방향으로 돌렸을 때 생기는 모양을 그려 보시오.(7~8)

7.

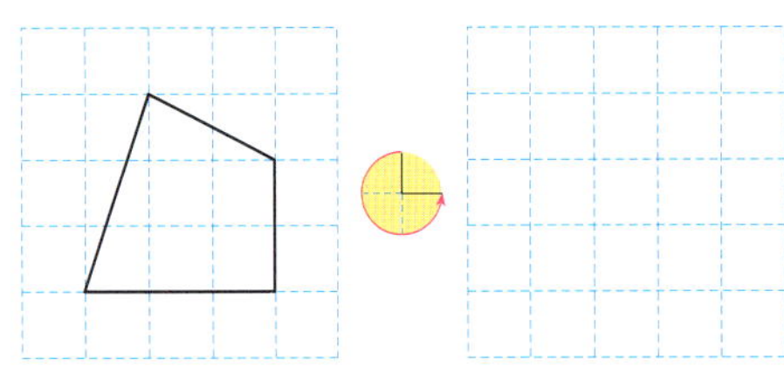

8.

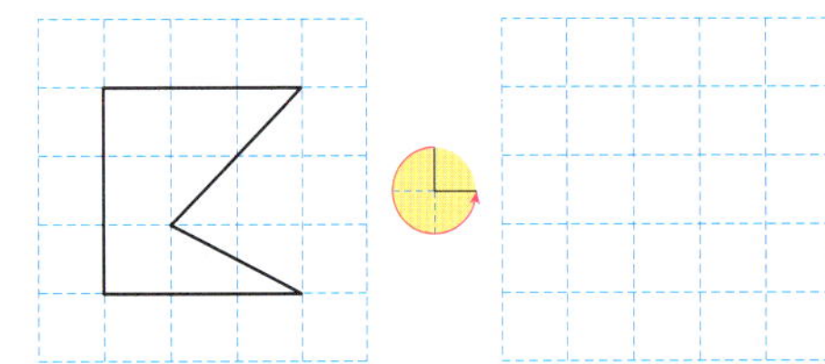

 사고력 학습

✿ 이름 :

✿ 날짜 :

✿ 시간 :　　시　　분 ～　　시　　분

확인

🐸 도형을 여러 방향으로 돌렸을 때 생기는 모양을 각각 그려 보고, 물음에 답하시오.(1~3)

1.

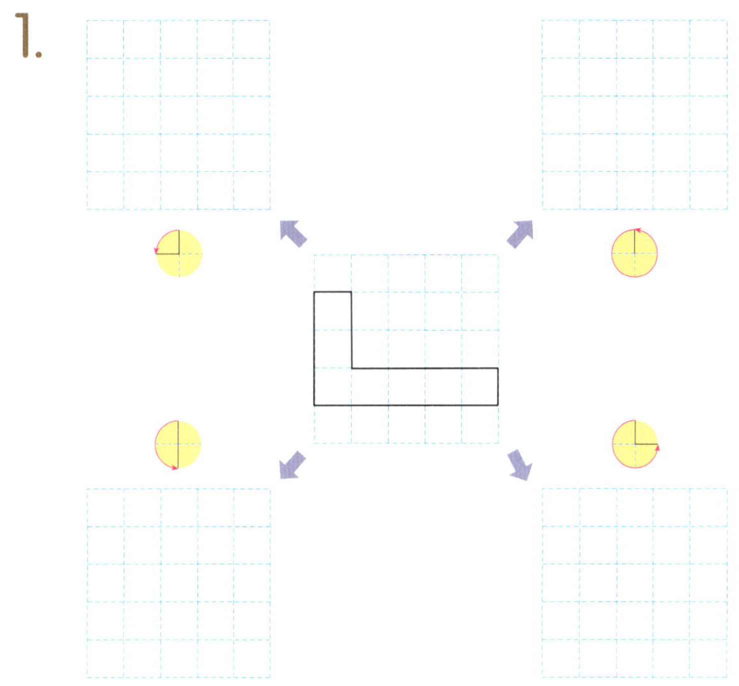

2. 도형을 방향으로 돌리면 도형의 모양은 위쪽 부분이 왼쪽 → 아래쪽 → 오른쪽 → 위쪽으로 바뀝니까?

(예, 아니요)

3. 도형을 한 바퀴 돌리면 처음 도형과 모양이 같습니까?

(예, 아니요)

사고력 학습

도형을 여러 방향으로 돌렸을 때 생기는 모양을 각각 그려 보시오.(4~5)

4.

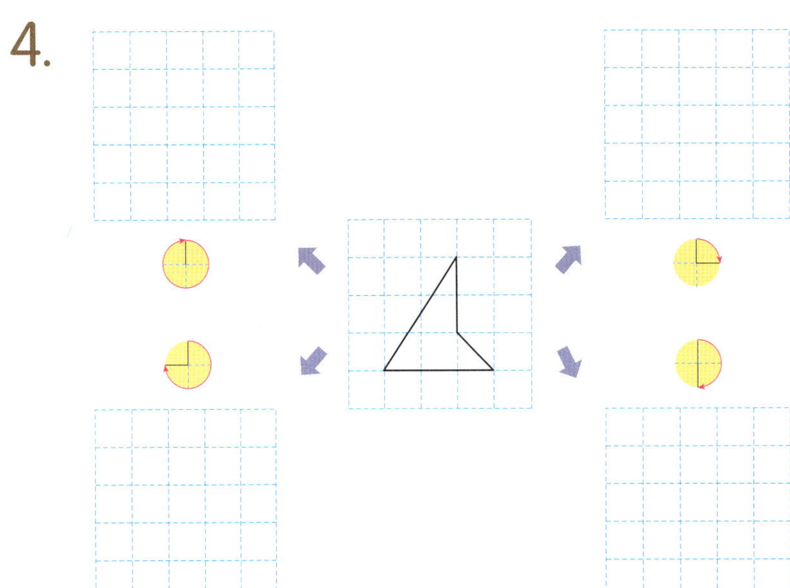

5.

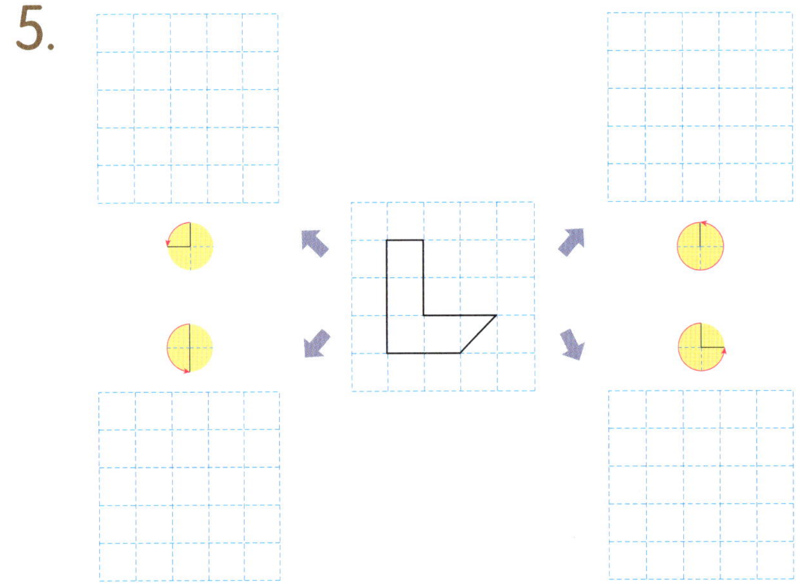

✿ 이름 :

✿ 날짜 :

✿ 시간 :　　시　　분 ~ 　시　　분

확인

◆ **평면도형 뒤집고 돌리기**

- 도형을 오른쪽, 왼쪽, 아래쪽, 위쪽으로 뒤집고, 뒤집은 모양을 다시 ⟳ 또는 ⟲ 방향으로 돌리면 여러 가지 모양이 나옵니다.

- 왼쪽 도형을 오른쪽으로 뒤집은 후 ⟳ 방향으로 돌리기

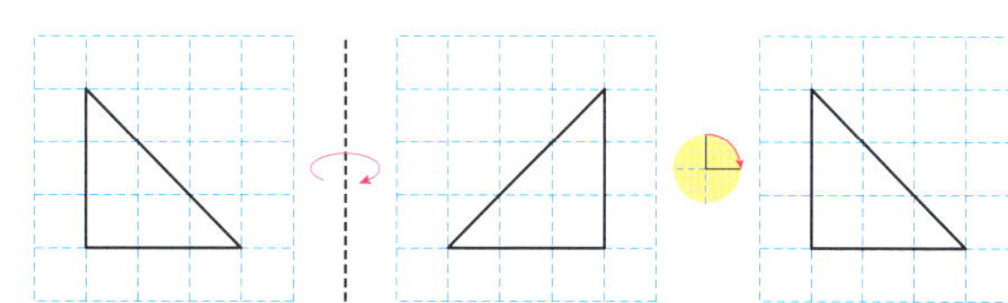

🐸 왼쪽 도형을 오른쪽으로 뒤집은 후 ⟳ 방향으로 돌렸을 때 생기는 모양을 각각 그려 보시오.(1~2)

1.

2.

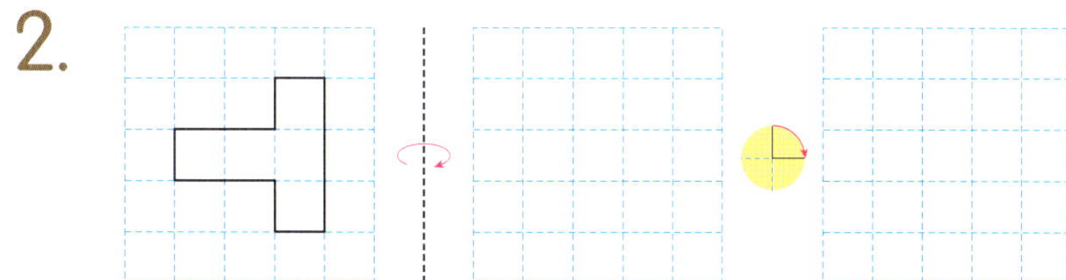

👻 왼쪽 도형을 오른쪽으로 뒤집은 후 ⟲ 방향으로 돌렸을 때 생기는 모양을 각 각 그려 보시오.(3~4)

3.

4.

👻 왼쪽 도형을 오른쪽으로 뒤집은 후 ⟳ 방향으로 돌렸을 때 생기는 모양을 각 각 그려 보시오.(5~6)

5.

6.

🐸 왼쪽 도형을 오른쪽으로 뒤집은 후 방향으로 돌렸을 때 생기는 모양을 각각 그려 보시오.(1~2)

1.

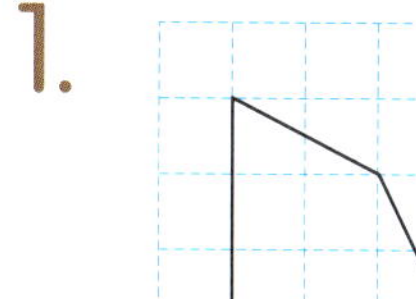
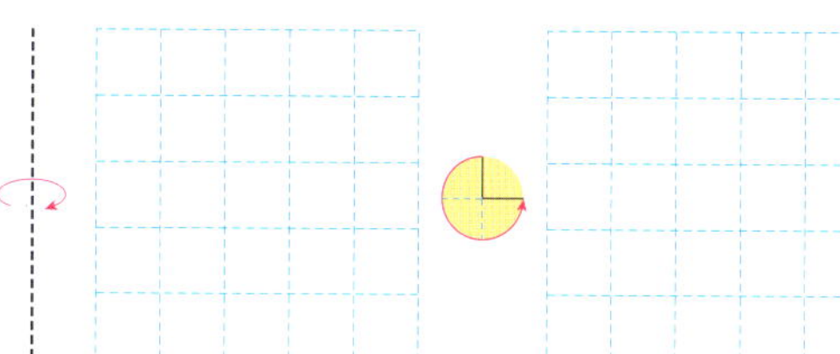

2.

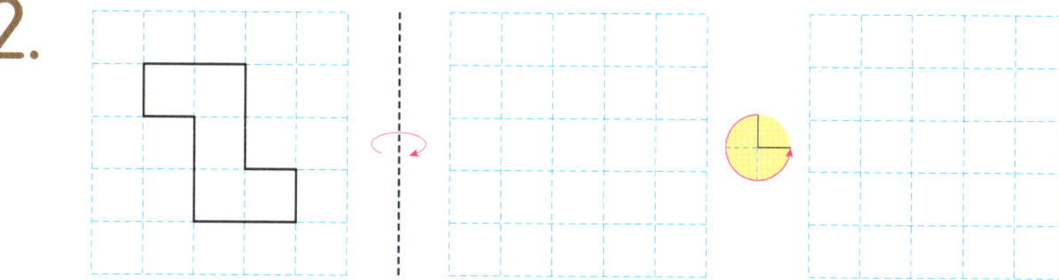

🐸 오른쪽 도형을 왼쪽으로 뒤집은 후 방향으로 돌렸을 때 생기는 모양을 각각 그려 보시오.(3~4)

3.

4.

오른쪽 도형을 왼쪽으로 뒤집은 후 방향으로 돌렸을 때 생기는 모양을 각각 그려 보시오.(5~6)

5.

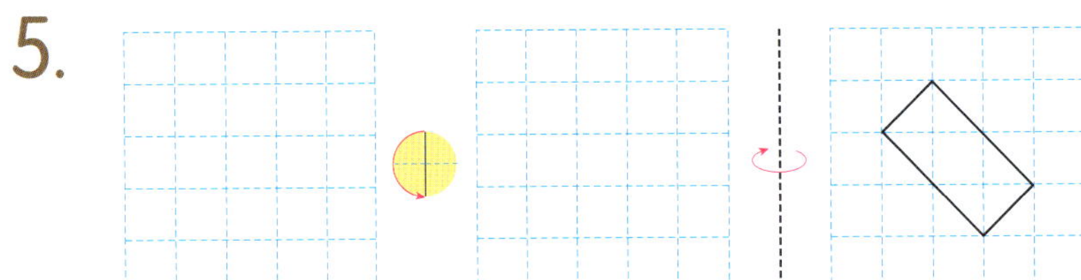

6.

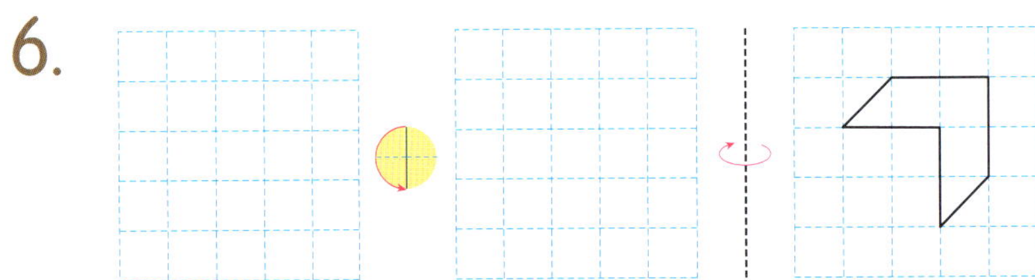

오른쪽 도형을 왼쪽으로 뒤집은 후 , 방향으로 돌렸을 때 생기는 모양을 각각 그려 보시오.(7~8)

7.

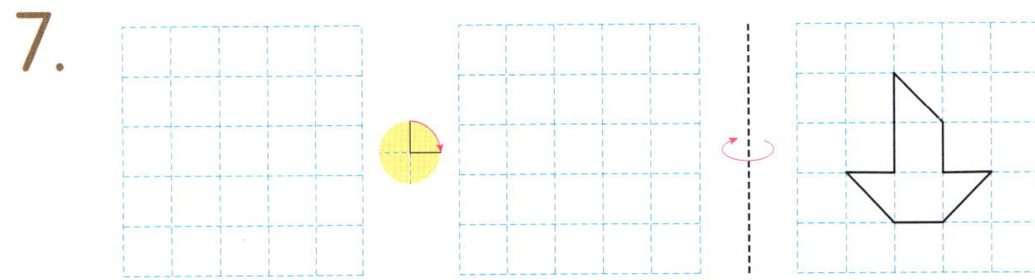

8.

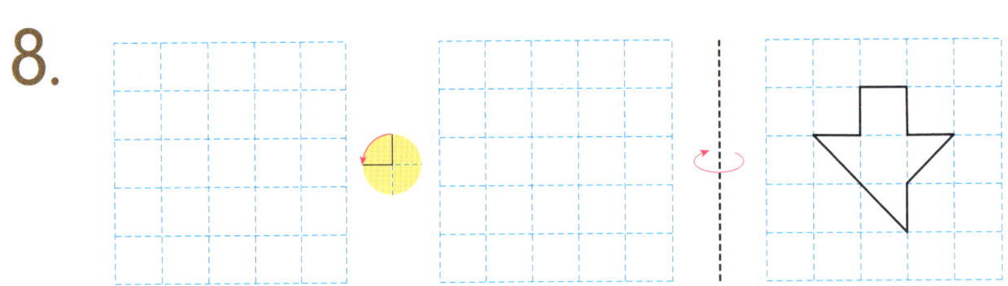

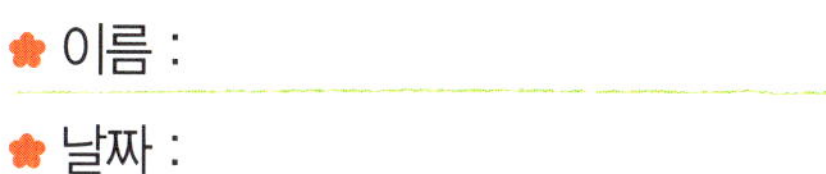

1. 가운데 도형을 왼쪽과 오른쪽으로 밀었을 때 생기는 모양을 각각 그려 보시오.

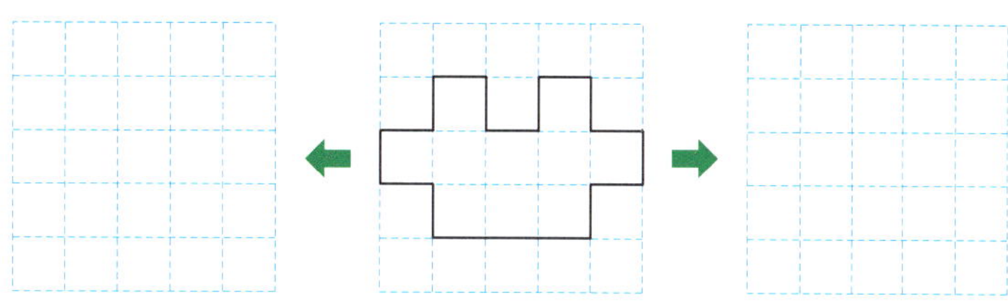

2. 가운데 도형을 왼쪽과 오른쪽으로 뒤집었을 때 생기는 모양을 각각 그려 보시오.

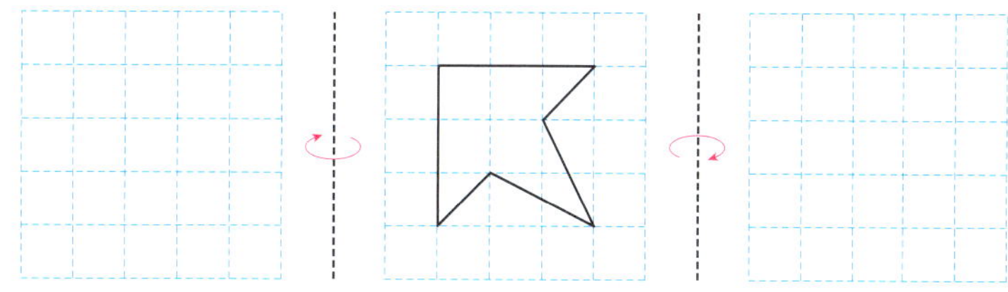

3. 가운데 도형을 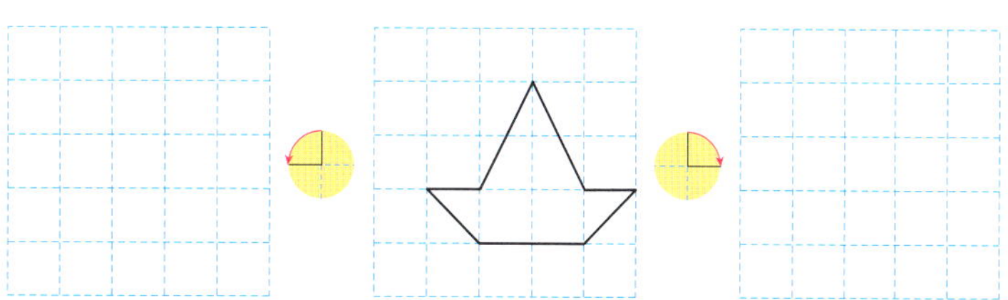 방향으로 돌렸을 때 생기는 모양을 각각 그려 보시오.

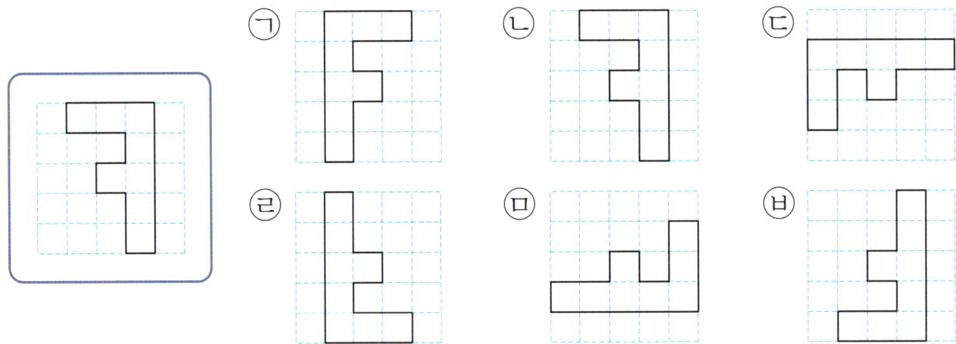

다음 도형을 보고 물음에 알맞은 모양을 찾아 기호를 쓰시오.(4~7)

4. 주어진 도형을 아래쪽으로 밀었을 때 생기는 모양은 어느 것입니까?

[답]

5. 주어진 도형을 위쪽으로 뒤집었을 때 생기는 모양은 어느 것입니까?

[답]

6. 주어진 도형을 ↻ 방향으로 돌렸을 때 생기는 모양은 어느 것입니까?

[답]

7. 주어진 도형을 ↻ 방향으로 돌렸을 때 생기는 모양은 어느 것입니까?

[답]

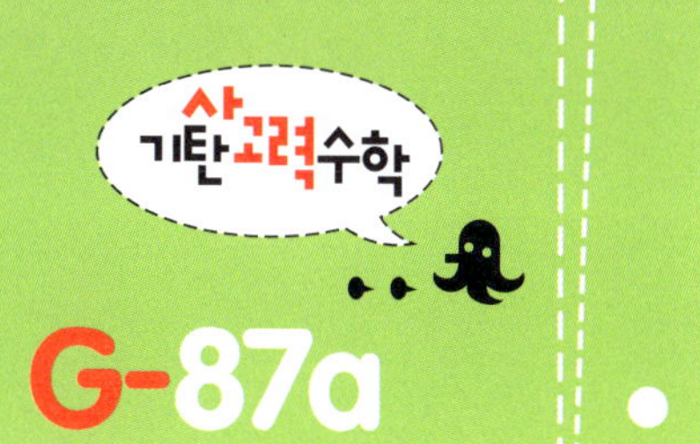

이름 :

날짜 :

시간 : 시 분 ~ 시 분

확인

1. 왼쪽 도형을 오른쪽으로 뒤집은 후 ↻ 방향으로 돌렸을 때 생기는 모양을 각각 그려 보시오.

2. 오른쪽 도형을 왼쪽으로 뒤집은 후 ↻ 방향으로 돌렸을 때 생기는 모양을 각각 그려 보시오.

3. 왼쪽 도형을 오른쪽으로 뒤집고 다시 ↻ 방향으로 돌렸더니 오른쪽 그림과 같았습니다. 가운데 모양과 왼쪽 모양을 각각 그려 보시오.

문제 해결력 학습

4. 왼쪽과 같은 모양의 도장을 만들어 찍었을 때 생기는 모양을 그려 보시오.

5. 어떤 도형을 두 방향으로 각각 돌렸을 때, 같은 모양이 나오는 것끼리 짝 지어진 것을 모두 고르시오.

①   ②   ③

④   ⑤

6. 왼쪽 도형을 방향으로 돌린 후 아래쪽으로 뒤집었을 때 생기는 모양을 각각 그려 보시오.

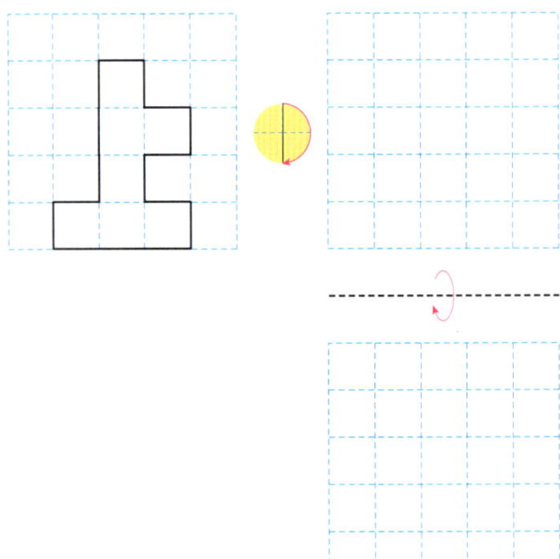

✿ 이름 :

✿ 날짜 :

✿ 시간 : 　시　　분 ~ 　시　　분

확인

🌀 창의력 학습

[보기]의 도형으로 밀기, 뒤집기, 돌리기를 하여 아래의 모눈종이를 빈틈없이 덮어 보시오. (단, 한 도형을 여러 번 쓸 수 있습니다.)

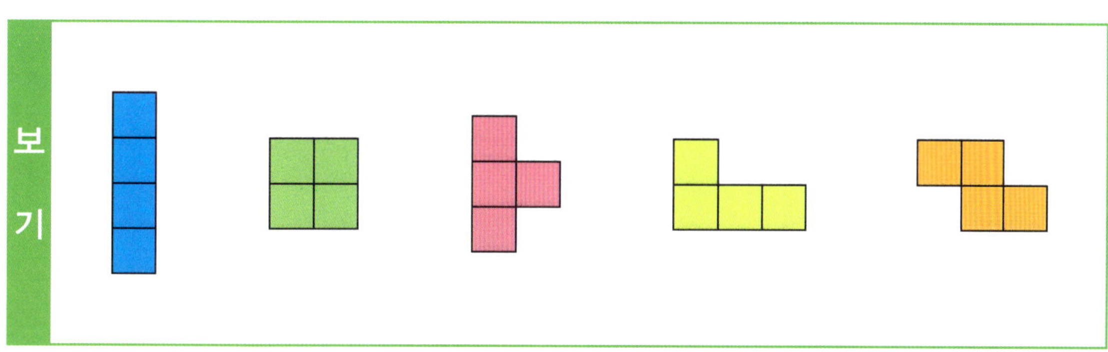

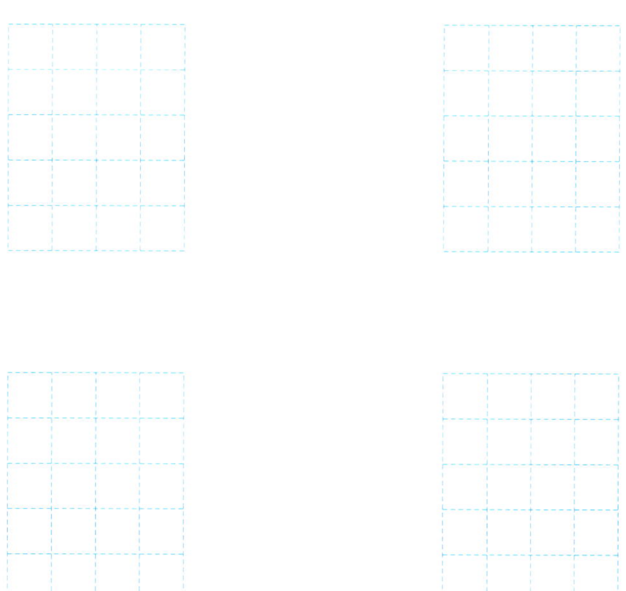

다음 도형을 여러 방향으로 돌렸을 때 생기는 모양을 각각 그려 보고, 물음에 답하시오.

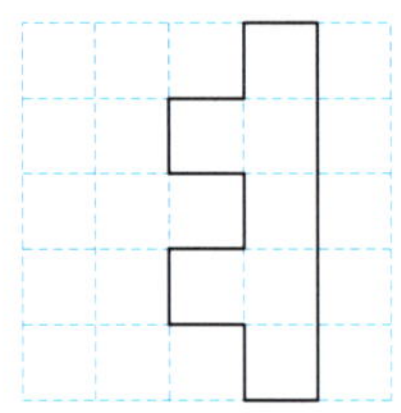

(1) 오른쪽으로 직각만큼 돌리면 어떤 홀소리가 됩니까?

[답]

(2) 오른쪽으로 직각의 2배만큼 돌리면 어떤 홀소리가 됩니까?

[답]

(3) 오른쪽으로 직각의 3배만큼 돌리면 어떤 홀소리가 됩니까?

[답]

★ 이름 :

★ 날짜 :

★ 시간 :   시   분 ～   시   분

확인

경시 대회 예상 문제

1. 왼쪽 글자를 오른쪽으로 밀고 다시 위쪽으로 밀었을 때 생기는 모양을 그려 보시오.

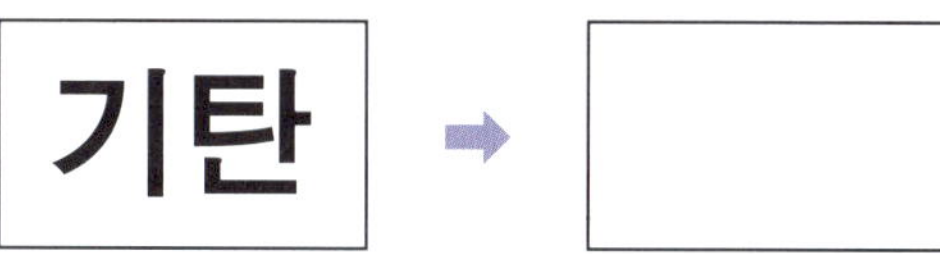

2. 오른쪽 도형을 왼쪽으로 뒤집고 다시 아래쪽으로 뒤집었을 때 생기는 모양을 그려 보시오.

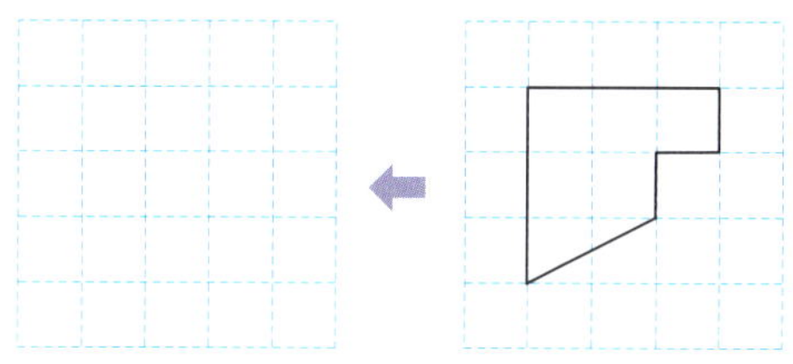

3. 지금 시각은 12시입니다. 시계의 긴바늘을 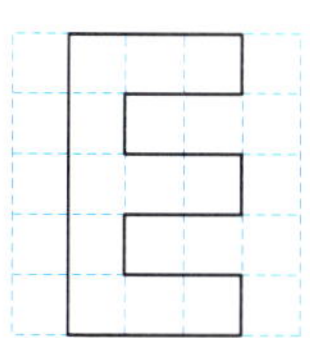 방향으로 연속 2번 돌리면 몇 시 몇 분입니까?

[답]

4. 오른쪽 도형을 위쪽으로 뒤집었을 때 생기는 모양과 같은 모양이 되도록 돌리는 방법은 어느 것입니까?

①    ②    ③ 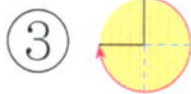   ④ 

5. 다음 수를 오른쪽으로 직각의 2배만큼 돌렸을 때 나온 수와 처음 수와의 차를 구하시오.

$$608$$

[답]

6. 왼쪽 도형을 돌려서 오른쪽 모양이 되는 방법은 2가지입니다. 어떻게 돌렸는지  위에 나타내시오.

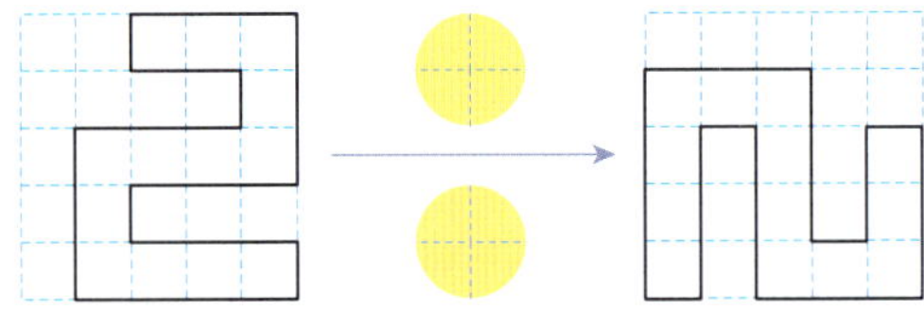

7. 일정한 규칙으로 처음 글자를 돌린 것입니다. 규칙을 찾아 설명하고 □ 안에 알맞은 모양을 그려 넣으시오.

8. 왼쪽 도형을 오른쪽으로 2번 뒤집은 후 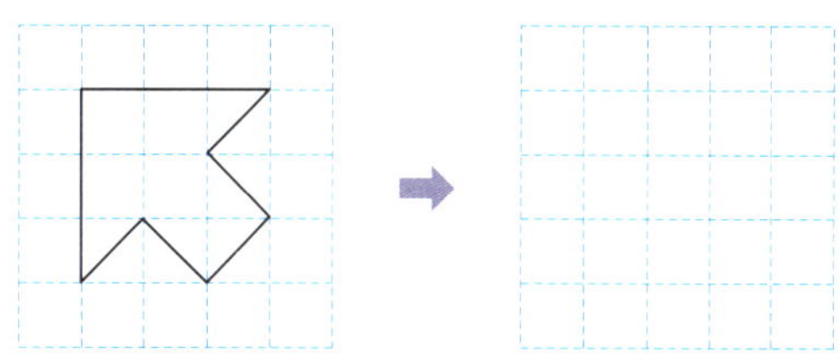 방향으로 연속 2번 돌렸을 때 생기는 모양을 그려 보시오.

9. 왼쪽 도형을 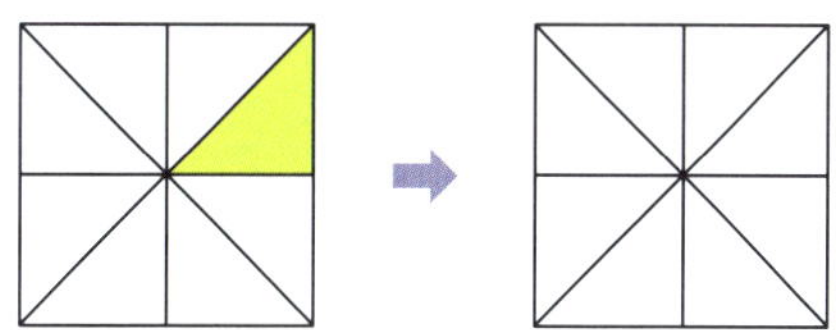 방향으로 연속 3번 돌린 후 위쪽으로 3번 뒤집었을 때 생기는 모양에 색칠하시오.

10. 왼쪽 도형을 뒤집기와 돌리기를 몇 번 하였더니 오른쪽 도형과 같이 되었습니다. 뒤집기와 돌리기를 어떻게 하였는지 서로 다른 2가지 방법으로 설명하시오.

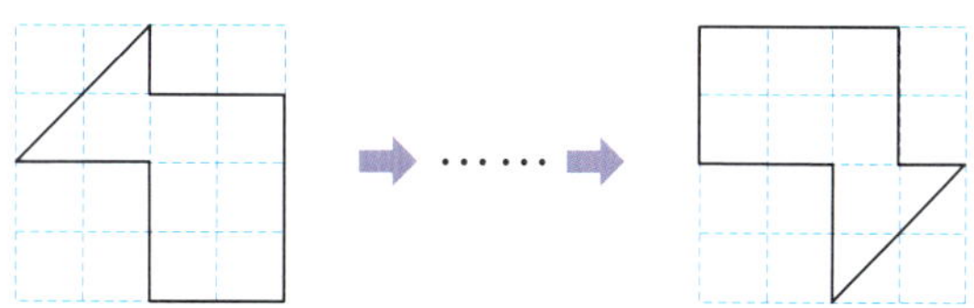

-
-

11. 어떤 도형을 오른쪽으로 밀고 왼쪽으로 3번 뒤집기를 한 다음, 다시 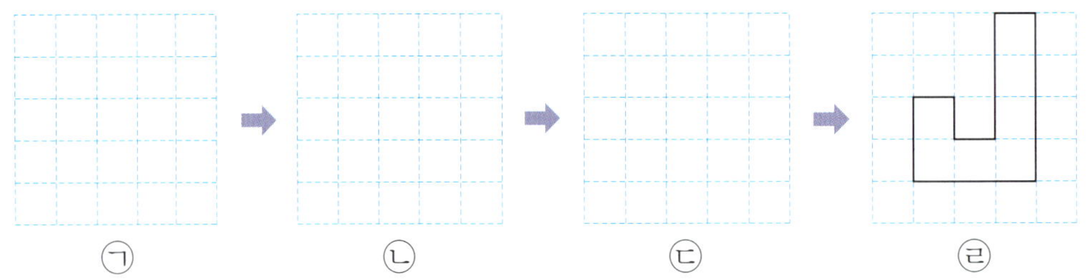 방향으로 연속 5번 돌렸더니 ㉣과 같은 도형이 생겼습니다. 처음 도형을 그려 보시오.

ㄱ   →   ㄴ   →   ㄷ   →   ㉣

(1) 방향으로 5번 돌리기 전의 모양을 ㉢에 그리시오.

(2) 왼쪽으로 3번 뒤집기 전의 모양을 ㉡에 그리시오.

(3) 마지막으로 오른쪽으로 밀기 전의 처음 도형을 ㉠에 그리시오.

12. 어떤 도형을 아래쪽으로 5번 뒤집고 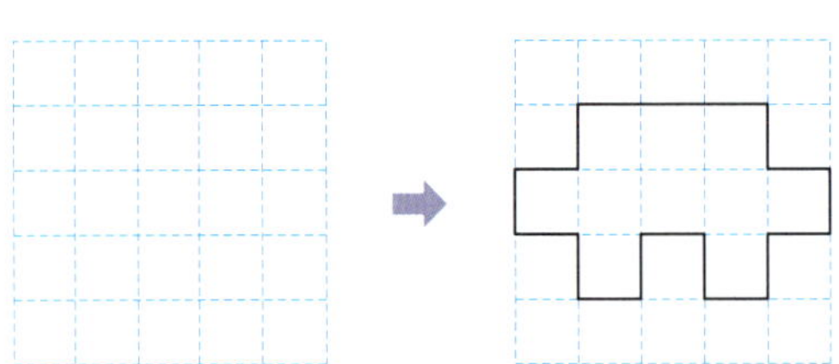 방향으로 연속 7번 돌린 다음, 위쪽으로 밀었더니 오른쪽과 같은 도형이 생겼습니다. 처음 도형을 그려 보시오.

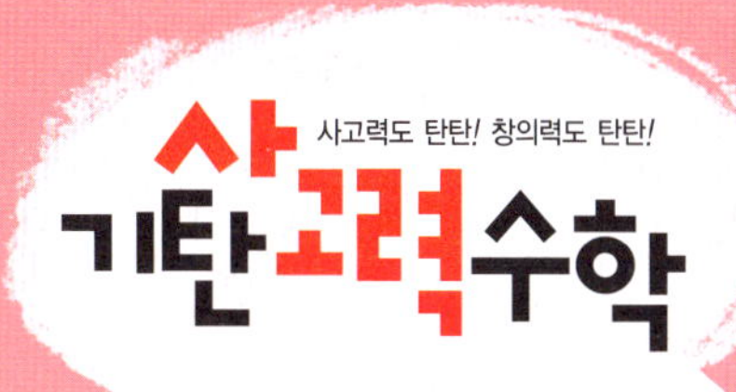

G2

G91a ~ G105b

학습 관리표

학습 내용		이번 주는?
곱셈	· (몇십)×(몇)의 계산 · 올림이 없는 (두 자리 수)×(한 자리 수)의 계산 · 올림이 있는 (두 자리 수)×(한 자리 수)의 계산 · 창의력 학습 · 경시 대회 예상 문제	• 학습 방법 : ① 매일매일　② 가끔　③ 한꺼번에 　하였습니다. • 학습 태도 : ① 스스로 잘　② 시켜서 억지로 　하였습니다. • 학습 흥미 : ① 재미있게　② 싫증내며 　하였습니다. • 교재 내용 : ① 적합하다고　② 어렵다고　③ 쉽다고 　하였습니다.

지도 교사가 부모님께	부모님이 지도 교사께

평가	Ⓐ 아주 잘함	Ⓑ 잘함	Ⓒ 보통	Ⓓ 부족함

원(교)　　　　반　이름　　　　전화

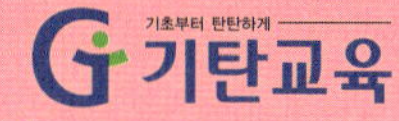

www.gitan.co.kr / (02)586-1007(대)

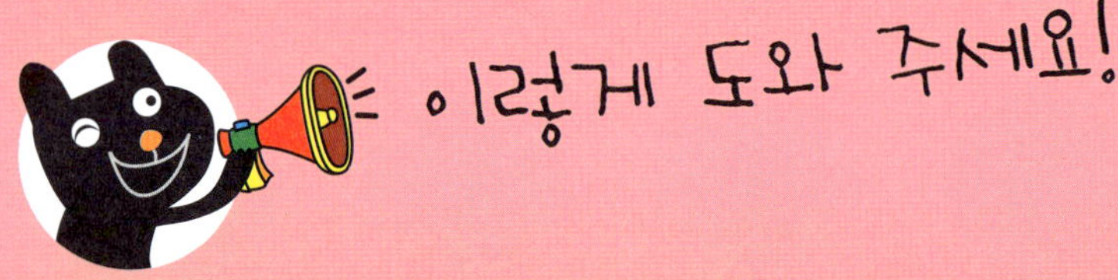

● 학습 목표

- (몇십)×(몇)의 계산 원리를 이해하고 계산할 수 있다.
- 올림이 없거나 십·일의 자리에서 올림이 있는 (두 자리 수)×(한 자리 수)의 계산 원리를 이해하고 계산할 수 있다.
- (두 자리 수)×(한 자리 수)의 곱셈 방법을 활용하여 여러 가지 문제를 해결할 수 있다.

● 지도 내용

- (몇십)×(몇)의 계산 원리를 이해하고 능숙하게 계산하게 한다.
- 올림이 없거나 십·일의 자리에서 올림이 있는 (두 자리 수)×(한 자리 수)의 계산 원리를 알고 능숙하게 계산하게 한다.
- (두 자리 수)×(한 자리 수)의 곱셈이 이용되는 문장으로 된 생활 문제를 해결하게 한다.

● 지도 요점

구체물의 조작 활동을 통하여 (몇십)×(몇)과 (두 자리 수)×(한 자리 수)의 곱셈 원리를 발견하고, 곱을 구하는 방법을 형식화하여 여러 가지 곱셈 문제를 해결하도록 합니다.

(두 자리 수)×(한 자리 수)의 곱셈에서는 올림이 없는 경우와 십·일의 자리에서 올림이 있는 경우로 나누어 지도함으로써 곱셈 원리를 순차적으로 발견할 수 있도록 합니다. 또한 곱을 구하는 방법을 이용하여 생활 속에서 일어날 수 있는 다양한 문제 상황을 곱셈의 방법으로 해결할 수 있도록 지도합니다.

◆ **(몇십)×(몇)의 계산**

$$20 \times 4 = 80$$

$$\begin{array}{r} 2\,0 \\ \times \quad 4 \\ \hline 8\,0 \end{array}$$

2×4를 구하여 십의 자리에 8을 쓰고 일의 자리에 0을 씁니다.

🐸 다음 수 모형을 보고 □ 안에 알맞은 수를 써넣으시오.(1~4)

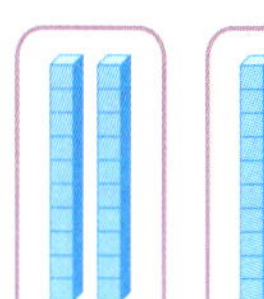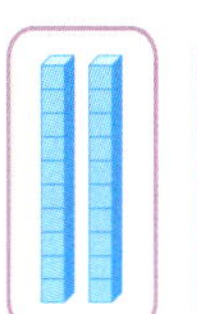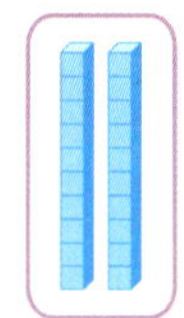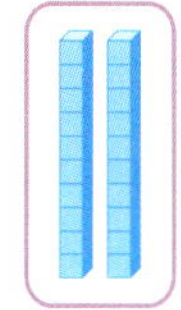

1. 30+30+30은 □ 입니다.

2. 십 모형의 개수를 곱셈식으로 나타내면 □ × 3 = □ 입니다.

3. 십 모형 9개는 낱개 모형 □ 개와 같습니다.

4. 30 × 3 = □

$$\begin{array}{r} 3\,0 \\ \times \quad 3 \\ \hline \square\,\square \end{array}$$

다음 곱셈을 하시오.(5~14)

5. $10 \times 7 =$

6. $80 \times 2 =$

7. $90 \times 6 =$

8. $40 \times 4 =$

9. $50 \times 8 =$

10. $20 \times 7 =$

11. $30 \times 2 =$

12. $70 \times 5 =$

13. $40 \times 9 =$

14. $60 \times 3 =$

사고력 학습

🐸 다음 곱셈을 하시오.(1~8)

1.
```
    2 0
×     6
```

2.
```
    9 0
×     4
```

3.
```
    5 0
×     2
```

4.
```
    3 0
×     9
```

5.
```
    4 0
×     8
```

6.
```
    6 0
×     7
```

7.
```
    7 0
×     3
```

8.
```
    8 0
×     5
```

사고력 학습

9. 곱셈식으로 나타내시오.

    (1) $40+40$　➡ __________________

    (2) 60씩 5묶음　➡ __________________

    (3) 30의 6배　➡ __________________

    (4) 80과 7의 곱　➡ __________________

10. ☐ 안에 알맞은 수를 써넣으시오.

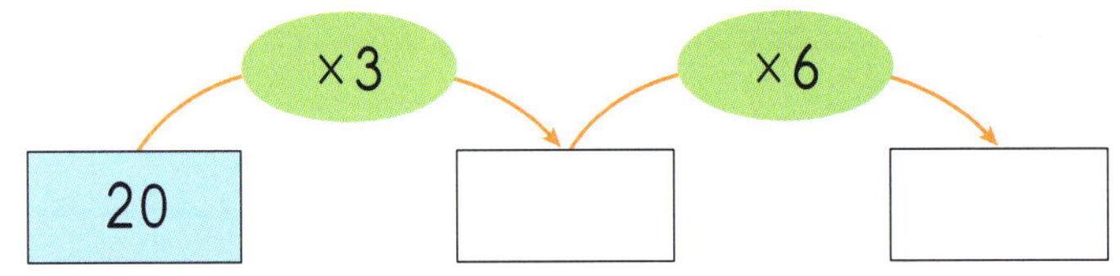

11. 한 통에 10개씩 들어 있는 껌이 8통 있습니다. 껌은 모두 몇 개입니까?

    [식]　　　　　　　　　　　　　　　　[답]

12. 운동장에 학생들이 한 줄에 20명씩 9줄로 서 있습니다. 학생들은 모두 몇 명입니까?

    [식]　　　　　　　　　　　　　　　　[답]

◆ 올림이 없는 (두 자리 수)×(한 자리 수)의 계산

$$12 \times 4 = 48$$

$$\begin{array}{r} 12 \\ \times\ \ 4 \\ \hline 48 \end{array}$$

- 2×4를 구하여 일의 자리에 8을 씁니다.
- 1×4를 구하여 십의 자리에 4를 씁니다.

🐸 다음 수 모형을 보고 ☐ 안에 알맞은 수를 써넣으시오.(1~4)

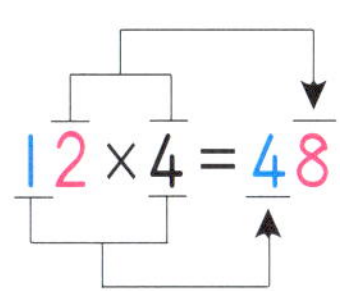

1. $43 + 43$은 ☐ 입니다.

2. 낱개 모형의 개수를 곱셈식으로 나타내면 $3 \times 2 =$ ☐ 입니다.

3. 십 모형의 개수를 곱셈식으로 나타내면 $4 \times$ ☐ $=$ ☐ 입니다.

4. $43 \times 2 =$ ☐

$$\begin{array}{r} 4\ 3 \\ \times\ \ \ 2 \\ \hline \ \ \end{array}$$

다음 곱셈을 하시오.(5~14)

5. $11 \times 2 =$

6. $31 \times 3 =$

7. $21 \times 4 =$

8. $13 \times 2 =$

9. $34 \times 2 =$

10. $11 \times 6 =$

11. $41 \times 2 =$

12. $13 \times 3 =$

13. $22 \times 3 =$

14. $23 \times 2 =$

🐸 다음 곱셈을 하시오.(1~8)

1.
```
    1 4
  ×   2
```

2.
```
    2 1
  ×   2
```

3.
```
    2 3
  ×   3
```

4.
```
    2 2
  ×   4
```

5.
```
    3 2
  ×   2
```

6.
```
    1 2
  ×   3
```

7.
```
    1 1
  ×   8
```

8.
```
    4 2
  ×   2
```

9. ☐ 안에 알맞은 수를 써넣으시오.

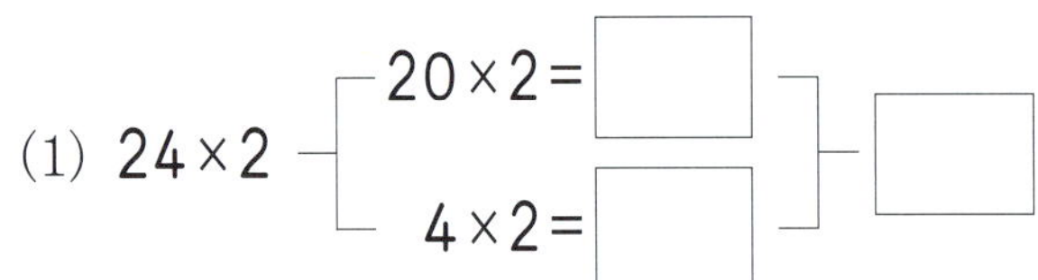

(1) 24×2
$20 \times 2 = \boxed{}$
$4 \times 2 = \boxed{}$
$\boxed{}$

(2) 32×3
$30 \times 3 = \boxed{}$
$2 \times 3 = \boxed{}$
$\boxed{}$

10. ☐ 안에 알맞은 수를 써넣으시오.

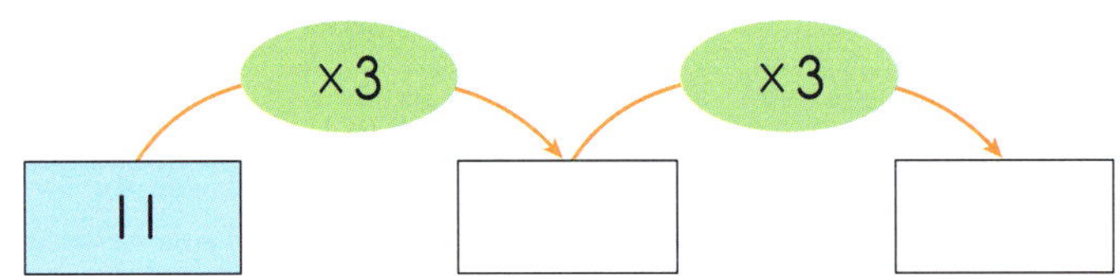

11. 연필 1타는 12자루입니다. 연필 4타는 모두 몇 자루입니까?

[식]   [답]

12. 축구는 한 팀에 11명의 선수가 경기를 합니다. 9팀이 모여서 축구 경기를 한다면 선수는 모두 몇 명입니까?

[식]   [답]

◆ 십의 자리에서 올림이 있는 (두 자리 수)×(한 자리 수)의 계산

$$54 \times 2 = 108$$

$$\begin{array}{r} 5\ 4 \\ \times\ \ \ 2 \\ \hline 1\ 0\ 8 \end{array}$$

- 4×2를 구하여 일의 자리에 8을 씁니다.
- 5×2를 구하여 십의 자리에 0을 쓰고 백의 자리에 1을 씁니다.

다음 수 모형을 보고 □ 안에 알맞은 수를 써넣으시오.(1~4)

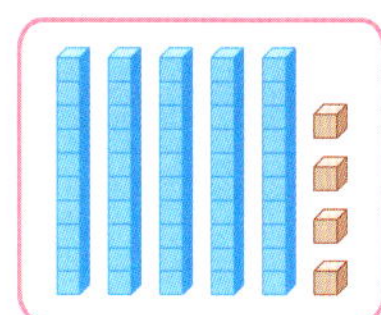 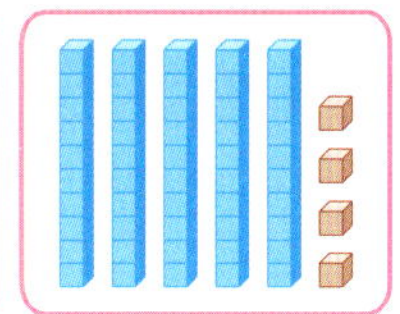 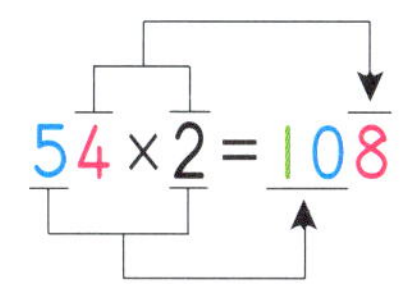

1. 43+43+43은 □ 입니다.

2. 낱개 모형의 개수를 곱셈식으로 나타내면 3×3 = □ 입니다.

3. 십 모형의 개수를 곱셈식으로 나타내면 4× □ = □ 입니다.

4. 43×3 = □

$$\begin{array}{r} 4\ 3 \\ \times\ \ \ 3 \\ \hline \ \ \ \ \end{array}$$

다음 곱셈을 하시오.(5~14)

5. $62 \times 2 =$

6. $42 \times 4 =$

7. $73 \times 3 =$

8. $91 \times 2 =$

9. $31 \times 5 =$

10. $41 \times 8 =$

11. $84 \times 2 =$

12. $51 \times 3 =$

13. $91 \times 4 =$

14. $64 \times 2 =$

🐸 **다음 곱셈을 하시오.(1～8)**

1.
$$\begin{array}{r} 8\,3 \\ \times\quad 3 \\ \hline \end{array}$$

2.
$$\begin{array}{r} 5\,1 \\ \times\quad 2 \\ \hline \end{array}$$

3.
$$\begin{array}{r} 3\,1 \\ \times\quad 4 \\ \hline \end{array}$$

4.
$$\begin{array}{r} 4\,2 \\ \times\quad 3 \\ \hline \end{array}$$

5.
$$\begin{array}{r} 7\,3 \\ \times\quad 2 \\ \hline \end{array}$$

6.
$$\begin{array}{r} 2\,1 \\ \times\quad 9 \\ \hline \end{array}$$

7.
$$\begin{array}{r} 6\,2 \\ \times\quad 4 \\ \hline \end{array}$$

8.
$$\begin{array}{r} 9\,2 \\ \times\quad 2 \\ \hline \end{array}$$

9. ☐ 안에 알맞은 수를 써넣으시오.

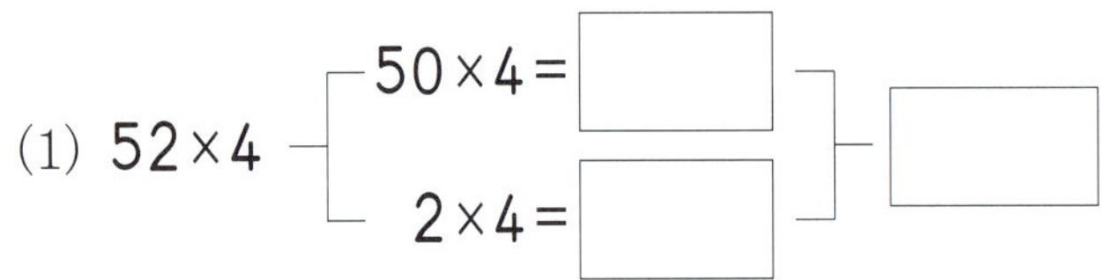

(1) 52×4 $\begin{cases} 50 \times 4 = \boxed{} \\ 2 \times 4 = \boxed{} \end{cases}$ $\boxed{}$

(2) 63×2 $\begin{cases} 60 \times 2 = \boxed{} \\ 3 \times 2 = \boxed{} \end{cases}$ $\boxed{}$

10. 그림을 보고 ☐ 안에 알맞은 수를 써넣으시오.

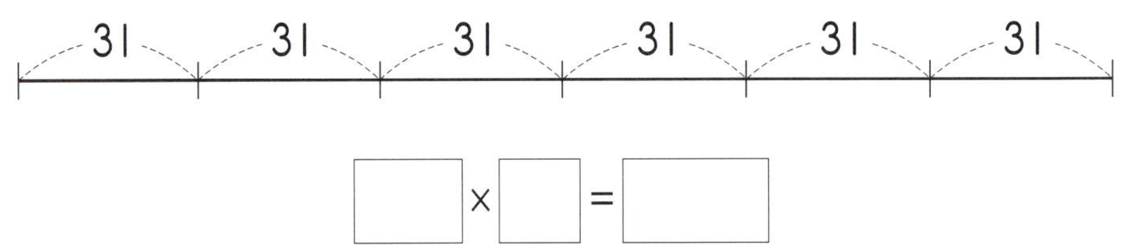

$\boxed{} \times \boxed{} = \boxed{}$

11. 성호는 매일 21쪽씩 책을 읽습니다. 일주일 동안에는 몇 쪽을 읽겠습니까?

[식]   [답]

12. 동화책 한 권은 82쪽으로 되어 있습니다. 같은 동화책 3권은 모두 몇 쪽입니까?

[식]   [답]

사고력 학습

★ 이름 :

★ 날짜 :

★ 시간 : 　시　　분～　　시　　분

◆ **일의 자리에서 올림이 있는 (두 자리 수)×(한 자리 수)의 계산**

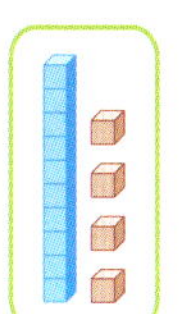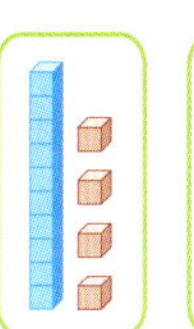

$$14 \times 3 = 42$$

$$\begin{array}{r} 1\,4 \\ \times\ \ 3 \\ \hline 4\,2 \end{array}$$

- 4×3을 구하여 일의 자리에 2를 쓰고 올림한 숫자 1은 십의 자리 아래에 작은 숫자로 씁니다.
- 1×3을 구한 후, 올림한 수 1을 더하여 4를 십의 자리에 씁니다.

🐸 다음 수 모형을 보고 □ 안에 알맞은 수를 써넣으시오.(1~4)

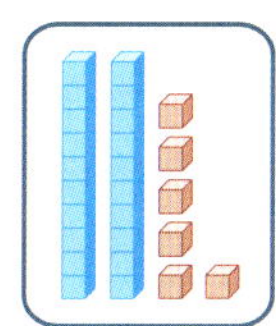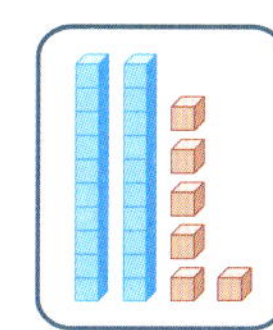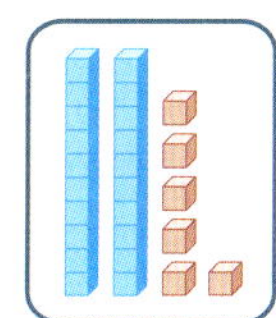

1. $26 + 26 + 26$은 [　　] 입니다.

2. 낱개 모형의 개수를 곱셈식으로 나타내면 $6 \times 3 =$ [　　] 입니다.

3. 십 모형의 개수를 곱셈식으로 나타내면 $2 \times$ [　　] $=$ [　　] 입니다.

4. $26 \times 3 =$ [　　]

$$\begin{array}{r} 2\ 6 \\ \times\ \ \ 3 \\ \hline \ \ \end{array}$$

다음 곱셈을 하시오.(5~12)

5.
```
  4 6
×   2
```

6.
```
  1 4
×   7
```

7.
```
  1 2
×   5
```

8.
```
  2 8
×   3
```

9.
```
  3 5
×   2
```

10.
```
  1 9
×   5
```

11.
```
  1 7
×   4
```

12.
```
  1 8
×   2
```

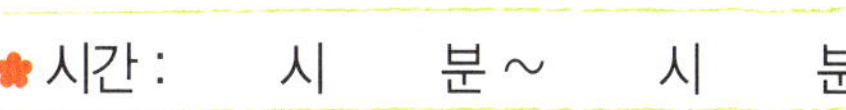

🐸 다음 곱셈을 하시오.(1~10)

1. $15 \times 6 =$

2. $12 \times 7 =$

3. $28 \times 2 =$

4. $16 \times 3 =$

5. $13 \times 5 =$

6. $39 \times 2 =$

7. $23 \times 4 =$

8. $45 \times 2 =$

9. $27 \times 3 =$

10. $12 \times 8 =$

사고력 학습

11. □ 안에 알맞은 수를 써넣으시오.

(1) 29×2
- $20 \times 2 = \boxed{}$
- $9 \times 2 = \boxed{}$
→ $\boxed{}$

(2) 13×6
- $10 \times 6 = \boxed{}$
- $3 \times 6 = \boxed{}$
→ $\boxed{}$

12. 빈칸에 알맞은 수를 써넣으시오.

(1)
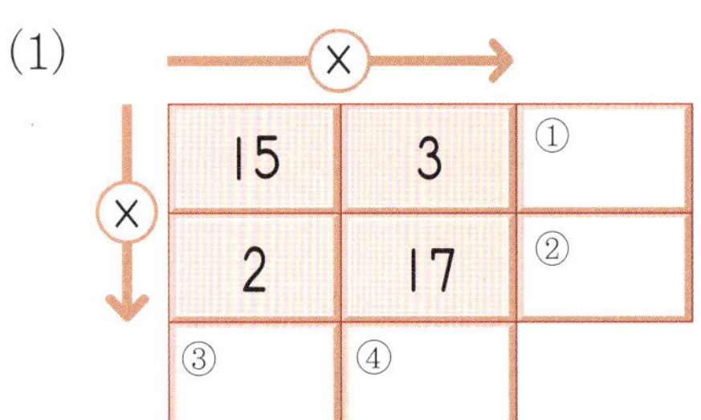

(2)
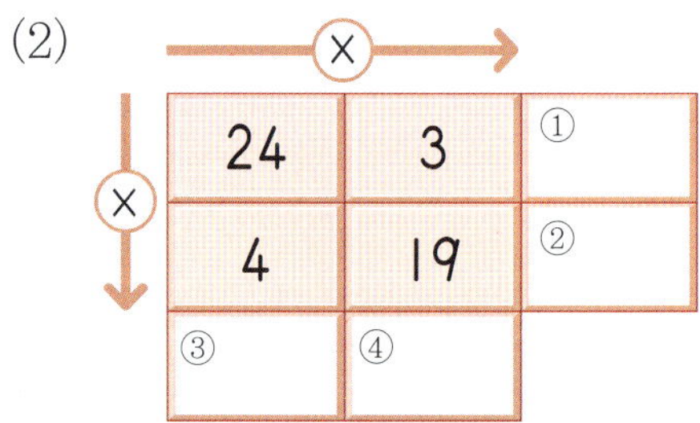

13. 은영이네 학교에서는 3학년 학생들이 버스를 타고 현장 학습을 가려고 합니다. 버스 한 대의 정원이 25명이라면, 버스 3대에는 모두 몇 명까지 탈 수 있습니까?

[식]

[답]

★ 이름 :
★ 날짜 :
★ 시간 : 시 분 ~ 시 분

확인

🐸 다음 곱셈을 하시오.(1~8)

1.
```
    9 0
  ×   3
```

2.
```
    1 2
  ×   2
```

3.
```
    5 1
  ×   7
```

4.
```
    1 5
  ×   5
```

5.
```
    3 6
  ×   8
```

6.
```
    2 6
  ×   4
```

7.
```
    8 5
  ×   2
```

8.
```
    1 8
  ×   6
```

사고력 학습

다음 곱셈을 하시오.(9~16)

9.
```
    7 8
  ×   7
```

10.
```
    4 7
  ×   2
```

11.
```
    1 1
  ×   7
```

12.
```
    8 3
  ×   6
```

13.
```
    2 9
  ×   9
```

14.
```
    3 0
  ×   8
```

15.
```
    6 2
  ×   3
```

16.
```
    5 6
  ×   2
```

사고력 학습

🐸 다음 곱셈을 하시오.(1~10)

1.　$32 \times 4 =$

2.　$47 \times 5 =$

3.　$54 \times 8 =$

4.　$21 \times 3 =$

5.　$12 \times 6 =$

6.　$50 \times 4 =$

7.　$68 \times 3 =$

8.　$83 \times 2 =$

9.　$26 \times 2 =$

10.　$97 \times 4 =$

다음 곱셈을 하시오.(11~20)

11. $39 \times 3 =$

12. $80 \times 6 =$

13. $13 \times 7 =$

14. $91 \times 5 =$

15. $62 \times 7 =$

16. $73 \times 9 =$

17. $44 \times 2 =$

18. $53 \times 3 =$

19. $24 \times 5 =$

20. $16 \times 4 =$

✿ 이름 :

✿ 날짜 :

✿ 시간 :   시   분 ~   시   분

1. □ 안에 들어갈 알맞은 수를 구하시오.

$$30 \times 4 = 60 \times \square$$

[답]

2. 수 모형으로 나타낸 것을 곱셈식으로 나타내시오.

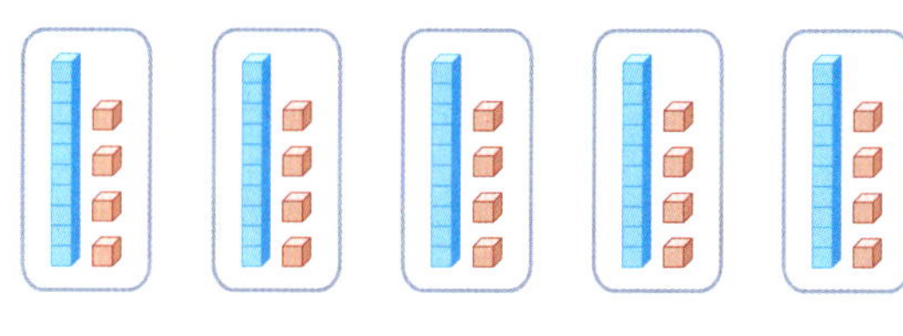

[식]

3. 두 곱의 차를 구하시오.

$$92 \times 3, \quad 28 \times 6$$

[답]

4. ○ 안에 >, =, <를 알맞게 써넣으시오.

(1) 17×9 ○ 50×3

(2) 33×2 ○ 18×4

(3) 61×7 ○ 86×5

(4) 74×3 ○ 37×6

5. 곱셈을 하여 답이 같은 것끼리 서로 이으시오.

20×8 •	• 48×6
72×4 •	• 42×2
14×6 •	• 32×5

6. 곱이 큰 것부터 차례로 기호를 쓰시오.

> ㉠ 31씩 2묶음   ㉡ 17의 5배
> ㉢ 72의 3배   ㉣ 28×4

[답]

7. 빈칸에 알맞은 수를 써넣으시오.

(1) ×4

11	
14	
67	

(2) ×7

50	
81	
49	

1. 귤이 한 상자에 40개씩 들어 있습니다. 5상자에는 모두 몇 개의 귤이 들어 있습니까?

[식]　　　　　　　　　　　　　　　　　[답]

2. 은수네 반과 은호네 반은 식목일에 나무를 22그루씩 심었습니다. 두 반이 식목일에 심은 나무는 모두 몇 그루입니까?

[식]　　　　　　　　　　　　　　　　　[답]

3. 동화책이 책꽂이 한 칸에 21권씩 꽂혀 있습니다. 책꽂이가 6칸이라면 동화책은 모두 몇 권입니까?

[식]　　　　　　　　　　　　　　　　　[답]

4. 쌓기나무를 이용하여 상자 모양을 만들었습니다. 한 층을 만드는 데 쌓기나무 16개가 필요합니다. 6층짜리 상자 모양을 만들기 위해서는 쌓기나무가 모두 몇 개 필요합니까?

[식]　　　　　　　　　　　　　　　　　[답]

5. 강당에 긴 의자가 38개 있습니다. 한 의자에 5명씩 앉고 10명이 서 있습니다. 강당에 있는 사람은 모두 몇 명입니까?

[답]

6. 기홍이네 학교에서는 자매 학교에 보내기 위하여 책을 모았습니다. 동화책은 36권씩 4상자를 모았고, 위인전은 52권씩 3상자를 모았습니다. 위인전은 동화책보다 몇 권 더 많이 모았습니까?

[답]

7. 자전거 가게에 두발자전거 19대와 세발자전거 18대가 있습니다. 자전거 바퀴는 모두 몇 개입니까?

[답]

8. 어머니께서 한 봉지에 30개씩 들어 있는 과자를 7봉지 사 오셨습니다. 그중에서 이웃 할머니 6분께 25개씩 나누어 드렸습니다. 남은 과자는 몇 개입니까?

[답]

문제 해결력 학습

 창의력 학습

아래의 동물들이 각자 자신이 말하는 수가 가장 크다며 뽐내고 있습니다. 여러분이 심판관이 되어 가장 큰 수를 말하고 있는 동물을 가려내 보시오.

현민이가 징검다리를 건너고 있습니다. 징검다리에는 곱셈식이 적혀 있는데, 곱셈식의 답을 알아 맞춰야 물에 빠지지 않고 징검다리를 건널 수 있습니다. 현민이가 무사히 징검다리를 건널 수 있도록 알맞은 곱을 적어 보시오.

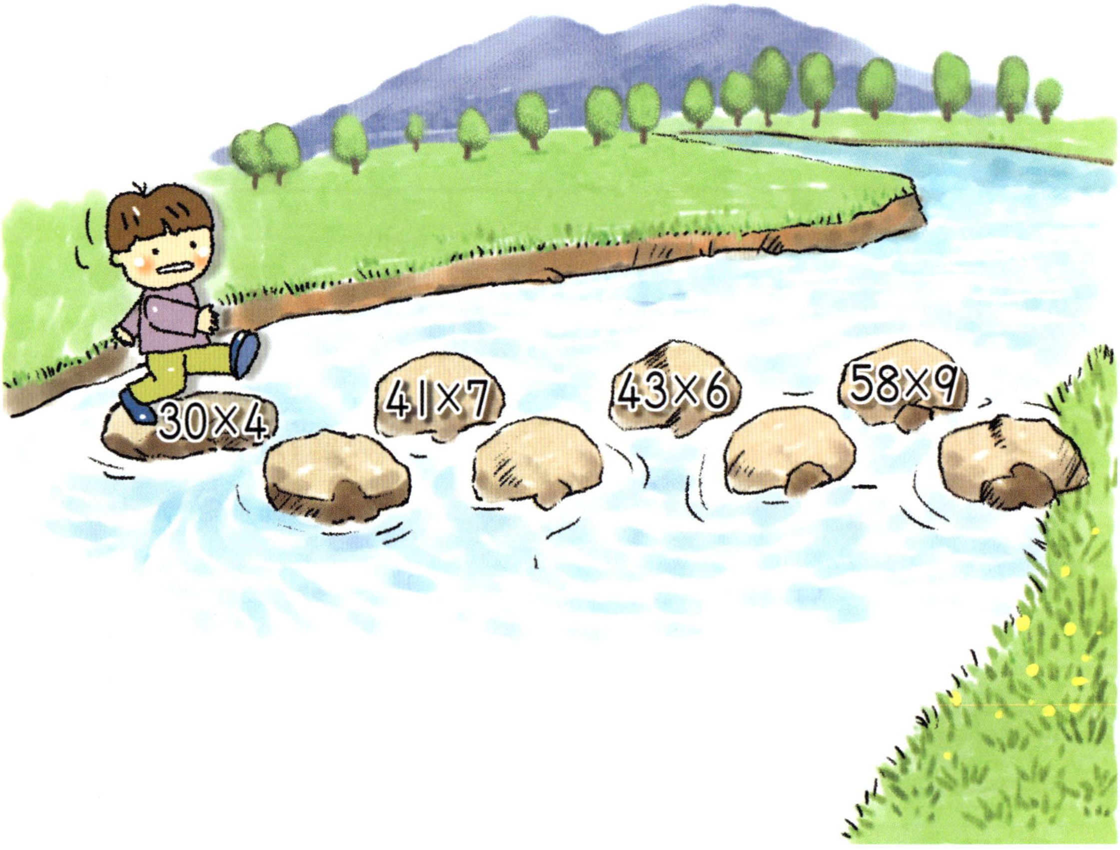

✚ 경시 대회 예상 문제

1. □ 안에 들어갈 수 있는 수를 모두 구하시오.

$$40 \times 6 < 51 \times \boxed{} < 39 \times 8$$

[답]

2. 빈 곳에 알맞은 수를 써넣으시오.

(1)
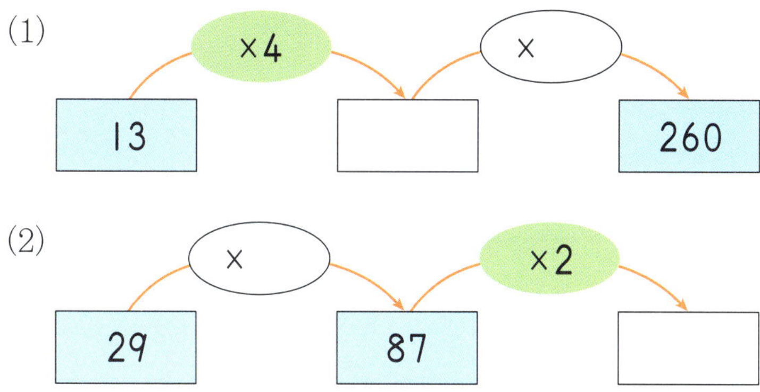

(2)

| 29 | ×→ | 87 | ×2→ | |

3. □ 안에 들어갈 알맞은 숫자를 찾아 선으로 이으시오.

□0 × 4 = 320 •   • 4

3□ × 9 = 279 •   • 1

□6 × 3 = 138 •   • 8

4. ☐ 안에 알맞은 숫자를 써넣으시오.

(1)
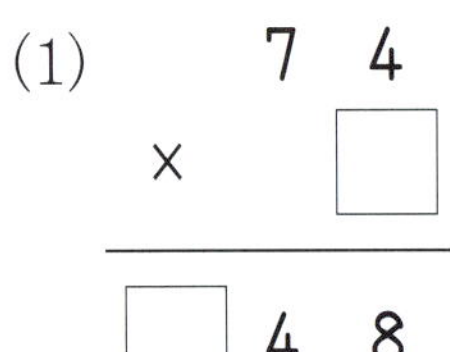

$$\begin{array}{r} 7\ 4 \\ \times\quad \square \\ \hline \square\ 4\ 8 \end{array}$$

(2)
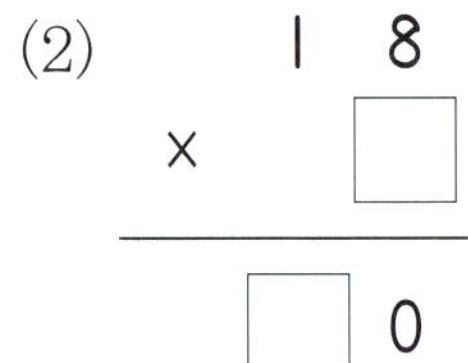

$$\begin{array}{r} 1\ 8 \\ \times\quad \square \\ \hline \square\ 0 \end{array}$$

(3)
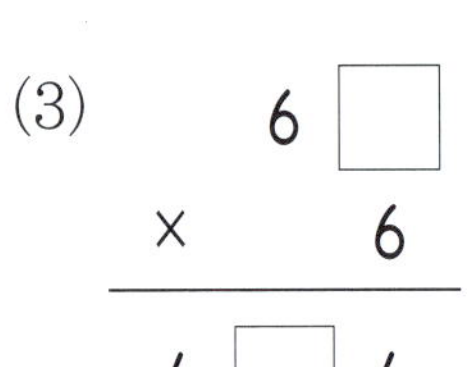

$$\begin{array}{r} 6\ \square \\ \times\quad 6 \\ \hline 4\ \square\ 4 \end{array}$$

(4)

$$\begin{array}{r} \square\ 4 \\ \times\quad \square \\ \hline 5\ 1\ 2 \end{array}$$

5. 빈칸에 알맞은 수를 써넣으시오.

(1)

✕→		
71	2	①
②	16	③
355	④	

(2)
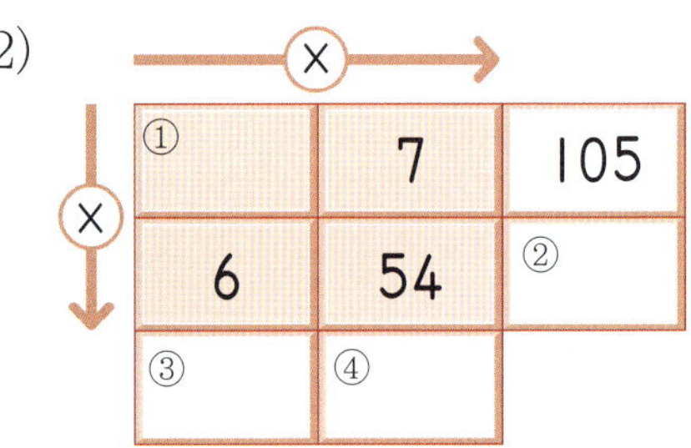

✕→		
①	7	105
6	54	②
③	④	

6. 어떤 수에 **9**를 곱해야 할 것을 잘못하여 더했더니 **45**가 되었습니다. 바르게 계산하면 얼마입니까?

[답]

7. ㉮★㉯를 다음과 같이 약속하였습니다. □ 안에 알맞은 수를 써넣으시오.

$$㉮★㉯=(㉮+㉯)×(㉮-㉯)$$

$$45★41=\boxed{}$$

8. 하나의 수로 다음과 같은 곱셈식을 만들었더니 그 곱이 396이 되었습니다. ㉠은 어떤 수입니까?

$$
\begin{array}{r}
㉠\ ㉠ \\
\times\quad ㉠ \\
\hline
3\ 9\ 6
\end{array}
$$

[답]

9. 38과 4의 곱은 152입니다. 왜 38×4=152인지 서로 다른 2가지 방법으로 설명하시오.

-

-

10. 숫자 카드 5 , 6 , 3 , 9 중에서 3장을 뽑아 (두 자리 수)×(한 자리 수)를 만들려고 합니다. 물음에 답하시오.

(1) 곱이 가장 큰 (두 자리 수)×(한 자리 수)를 만들고 값을 구하시오.

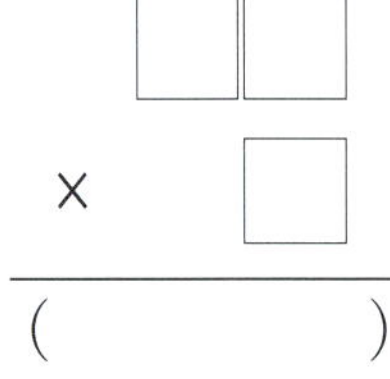

(　　　　　)

(2) 곱이 가장 작은 (두 자리 수)×(한 자리 수)를 만들고 값을 구하시오.

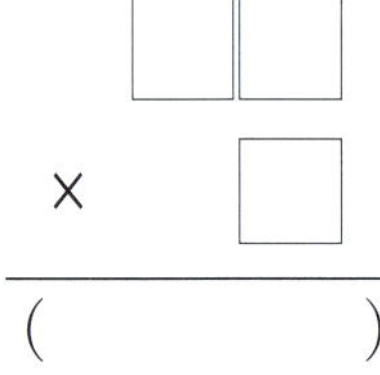

(　　　　　)

11. 똑바로 뻗은 길가의 한쪽에 전봇대 9개를 15 m 간격으로 나란히 세웠습니다. 첫 번째 세운 전봇대와 마지막에 세운 전봇대 사이의 거리는 몇 m인지 풀이 과정을 써서 구하시오.

[답]

경시 대회 예상 문제

G2

G106a ~ G120b

학습 관리표

학습 내용		이번 주는?

확인 학습	· 나눗셈
	· 평면도형의 이동
	· 곱셈
	· 창의력 학습
	· 경시 대회 예상 문제
	· 성취도 테스트
		• 학습 방법 : ① 매일매일 ② 가끔 ③ 한꺼번에
		  하였습니다.
		• 학습 태도 : ① 스스로 잘 ② 시켜서 억지로
		  하였습니다.
		• 학습 흥미 : ① 재미있게 ② 싫증내며
		  하였습니다.
		• 교재 내용 : ① 적합하다고 ② 어렵다고 ③ 쉽다고
		  하였습니다.

지도 교사가 부모님께		**부모님이 지도 교사께**
평가	Ⓐ 아주 잘함 Ⓑ 잘함	Ⓒ 보통 Ⓓ 부족함

원(교)　　　　　반　　이름　　　　　　전화

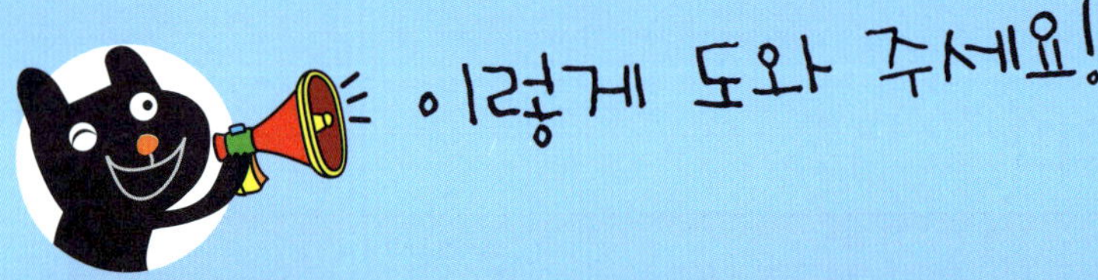

● 학습 목표
- 똑같이 묶어 덜어 내는 나눗셈식의 몫과 똑같게 나누는 나눗셈식의 몫을 이해하고, 곱셈을 활용하여 나눗셈의 몫을 구할 수 있다.
- 도형을 여러 방향으로 밀고, 뒤집고, 돌리는 방법을 알고, 주어진 도형을 여러 방향으로 밀고, 뒤집고, 돌릴 수 있다.
- 올림이 없거나 있는 (두 자리 수)×(한 자리 수)의 계산 원리를 이해하고 계산할 수 있다.

● 지도 내용
- 나눗셈식의 몫과 곱셈과 나눗셈의 관계를 이해시켜, 이를 기초로 나눗셈의 몫을 구하도록 한다.
- 주어진 도형을 여러 방향으로 밀고, 뒤집고, 돌리고, 뒤집고 돌렸을 때 생기는 모양을 생각하고 그려 보게 한다.
- (몇십)×(몇), (두 자리 수)×(한 자리 수)의 계산 형식을 알고 계산하게 하고, 문장으로 된 생활 문제를 해결하게 한다.

● 지도 요점
앞에서 학습한 나눗셈, 평면도형의 이동, 곱셈을 확인 학습하는 주입니다.
여러 유형의 문제를 접해 보게 함으로써 아이가 학습한 지식을 잘 응용할 수 있도록 지도해 주십시오. 그리고 성취도 테스트를 이용해서 주어진 시간 내에 모든 문제를 푸는 연습을 하도록 지도해 주십시오.

1. 공책이 18권 있습니다. 한 명에게 3권씩 나누어 주려고 합니다. 몇 명에게 나누어 줄 수 있는지 알아보시오.

(1) 공책 18권을 3권씩 묶어 덜어 내시오.

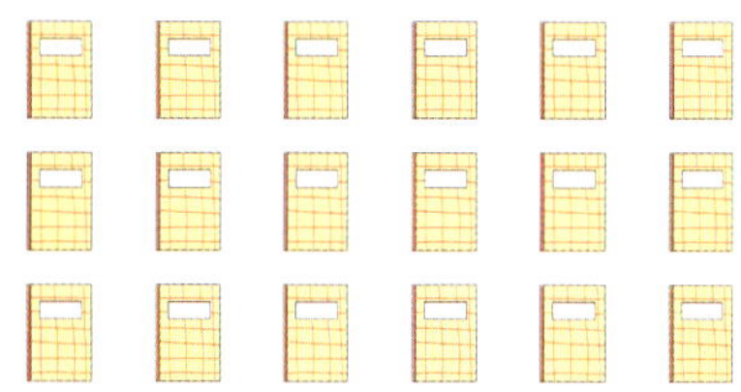

(2) 식을 만들어 답을 구하시오.

[식]   [답]

2. 농구공 10개를 바구니 2개에 똑같게 나누어 넣으려고 합니다. 한 바구니에 농구공을 몇 개씩 넣으면 되는지 알아보시오.

(1) 농구공 10개를 2곳으로 똑같게 나누어 ○로 나타내시오.

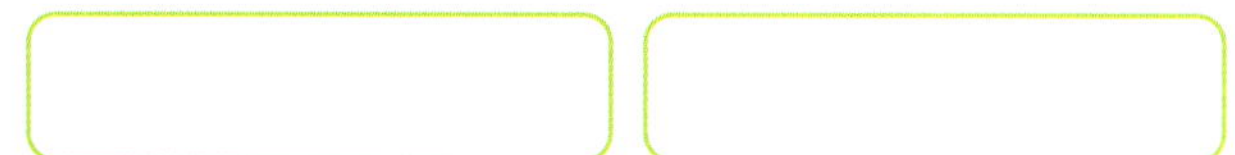

(2) 식을 만들어 답을 구하시오.

[식]   [답]

3. ☐ 안에 알맞은 수나 말을 써넣으시오.

나눗셈식 72÷8=9에서 몫 9는

(1) 72에서 8을 ☐ 번 묶어 덜어 낼 수 있다는 ☐

(2) 72에서 8을 ☐ 번 빼면 0이 된다는 ☐

(3) 72를 8곳으로 똑같게 나누면 한 곳에 ☐ 개씩이라는 ☐

4. 곱셈식을 보고 나눗셈식 2개를 써 보시오.

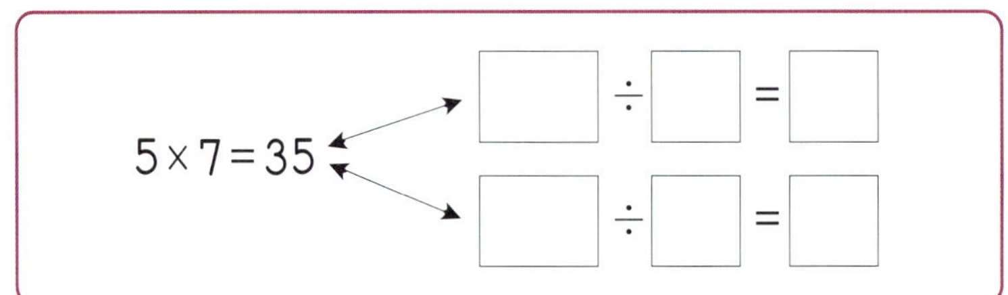

5. 나눗셈식을 보고 곱셈식 2개를 써 보시오.

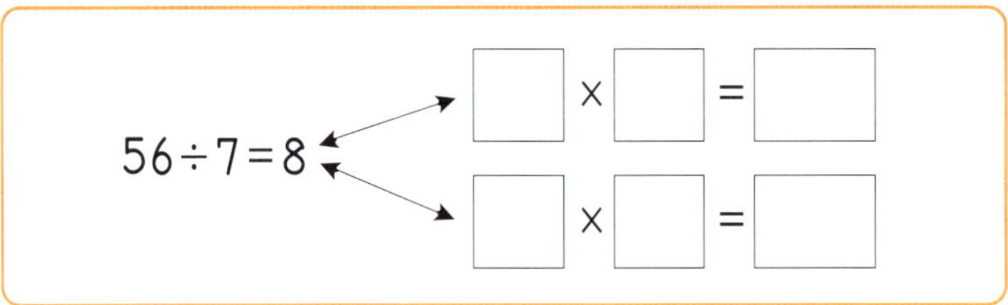

확인 학습

🐸 도넛이 12개 있습니다. 나눗셈식 12 ÷ 4 = ☐의 몫을 구하는 방법을 알아보시오.(1~4)

1. 도넛 12개를 4개씩 묶고, 덜어 내면서 몫을 구하시오.

$$12 \div 4 = \boxed{}$$

2. 12에서 0이 될 때까지 4를 빼는 뺄셈식을 만들어서 몫을 구하시오.

$$12 - \boxed{} - \boxed{} - \boxed{} = 0 \implies 12 \div 4 = \boxed{}$$

3. 도넛 12개를 4곳으로 똑같게 나누어 ○로 나타낸 후 몫을 구하시오.

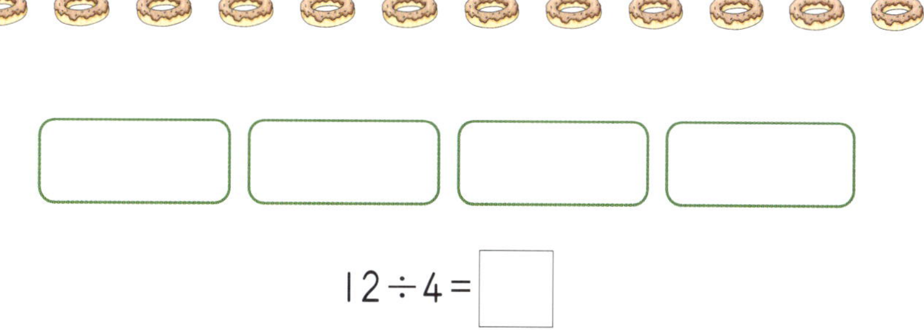

$$12 \div 4 = \boxed{}$$

4. 곱셈과 나눗셈의 관계를 써서 몫을 구하시오.

$$12 \div 4 = \boxed{} \leftrightarrow 4 \times \boxed{} = 12$$

🟠 다음 나눗셈의 몫을 구하시오.(5~14)

5. $24 \div 4 =$

6. $18 \div 9 =$

7. $63 \div 7 =$

8. $14 \div 2 =$

9. $30 \div 6 =$

10. $56 \div 8 =$

11. $27 \div 3 =$

12. $28 \div 7 =$

13. $72 \div 9 =$

14. $15 \div 5 =$

🐸 다음 나눗셈의 몫을 구하시오.(1~10)

1. $6 \overline{)42}$

2. $2 \overline{)18}$

3. $5 \overline{)40}$

4. $8 \overline{)16}$

5. $7 \overline{)35}$

6. $4 \overline{)16}$

7. $8 \overline{)48}$

8. $9 \overline{)81}$

9. $3 \overline{)21}$

10. $6 \overline{)18}$

확인 학습

다음 문제에 알맞은 나눗셈식을 만들어 답을 구하시오.(11~14)

11. 배구 시합에 필요한 선수는 한 팀당 6명입니다. 배구 선수 48명으로 배구팀을 몇 팀 만들 수 있습니까?

[식]　　　　　　　　　　　　　　　[답]

12. 지우개 21개를 학생 7명이 똑같게 나누어 가지려고 합니다. 한 학생이 지우개를 몇 개씩 가질 수 있습니까?

[식]　　　　　　　　　　　　　　　[답]

13. 경미는 친구들에게 나누어 주려고 머리핀을 5묶음 샀습니다. 경미가 산 머리핀이 25개라고 하면 한 묶음에 몇 개씩 들어 있습니까?

[식]　　　　　　　　　　　　　　　[답]

14. 승합차 한 대에 학생이 9명씩 타고 체험 활동을 다녀오려고 합니다. 체험 활동을 가려는 학생이 36명이면 승합차는 몇 대 필요합니까?

[식]　　　　　　　　　　　　　　　[답]

 확인 학습

* 이름 :
* 날짜 :
* 시간 :　　시　　분~　　시　　분

확인

확인 학습

1. 나눗셈식 12÷2=6을 여러 가지로 나타내어 보시오.

(1) 그림을 그리고 묶어 덜어 내시오.

(2) 12에서 빼는 뺄셈식을 써서 나타내시오.

[식]

(3) 나눗셈식 12÷2=6에 알맞은 문장을 만들어 보시오.

2. 나눗셈식 10÷5=2를 여러 가지로 나타내어 보시오.

(1) 그림을 그리고 똑같게 나누어서 나타내시오.

(2) 나눗셈식 10÷5=2에 알맞은 문장을 만들어 보시오.

확인 학습

3. 그림을 보고 곱셈식과 나눗셈식을 쓰시오.

곱셈식 ___________________________

나눗셈식 _________________________ ,

4. 몫이 큰 것부터 차례로 기호를 쓰시오.

㉠ $54 \div 9$　　㉡ $16 \div 2$　　㉢ $45 \div 5$
㉣ $4\overline{)20}$　　㉤ $8\overline{)24}$　　㉥ $7\overline{)49}$

[답]

5. 연필 한 타는 12자루입니다. 연필 2타를 6사람에게 똑같게 나누어 주려고 합니다. 한 사람에게 몇 자루씩 줄 수 있습니까?

[답]

 확인 학습

🐸 왼쪽 도형을 오른쪽으로, 오른쪽 도형을 왼쪽으로 밀었을 때 생기는 모양을
그려 보시오.(1~2)

1.

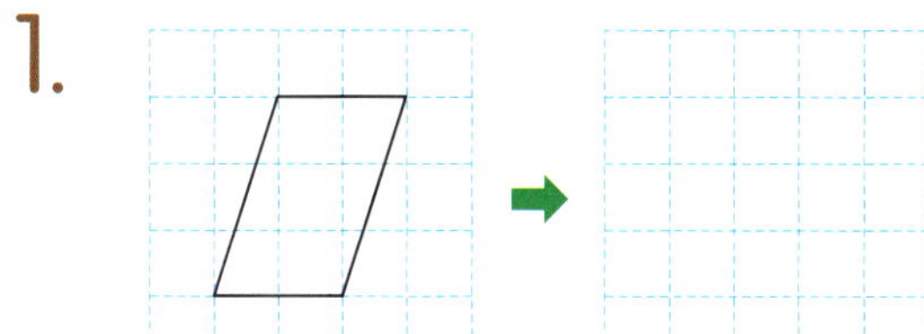

2.

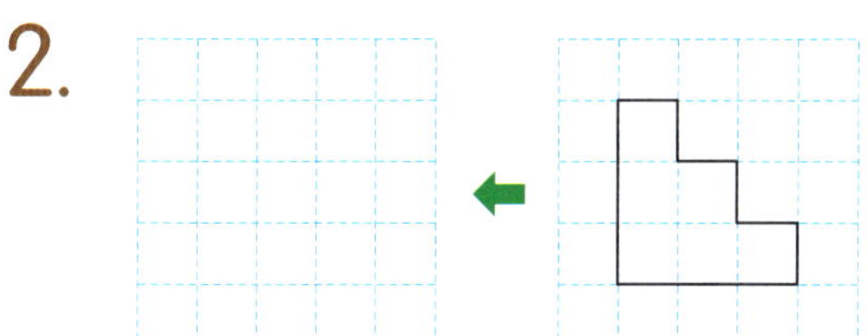

🐸 위쪽 도형을 아래쪽으로, 아래쪽 도형을 위쪽으로 밀었을 때 생기는 모양을
그려 보시오.(3~4)

3.

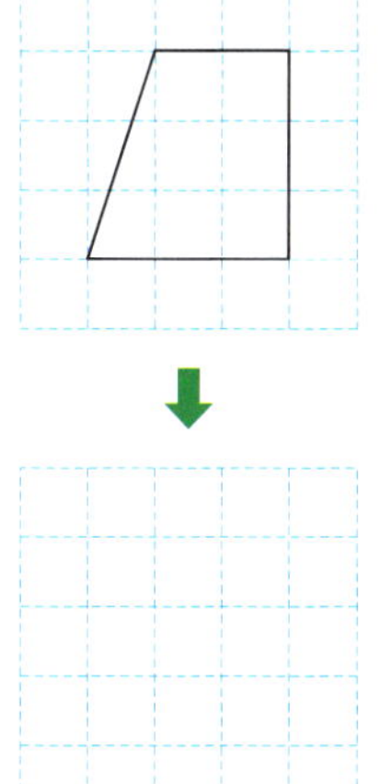

4.

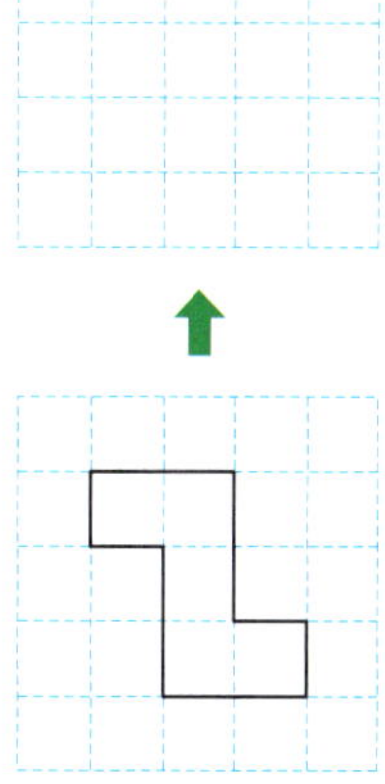

확인 학습

확인 학습

👻 왼쪽 도형을 오른쪽으로, 오른쪽 도형을 왼쪽으로 뒤집었을 때 생기는 모양을 그려 보시오.(5~6)

5.

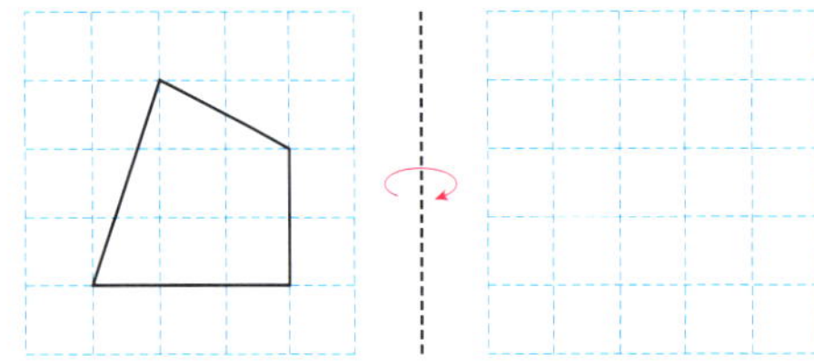

6.

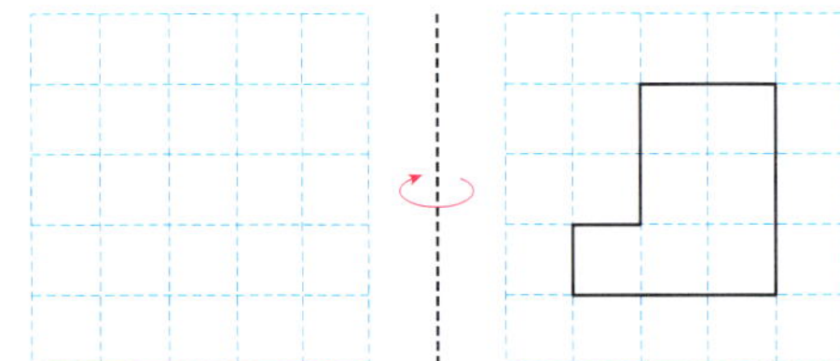

👻 위쪽 도형을 아래쪽으로, 아래쪽 도형을 위쪽으로 뒤집었을 때 생기는 모양을 그려 보시오.(7~8)

7.

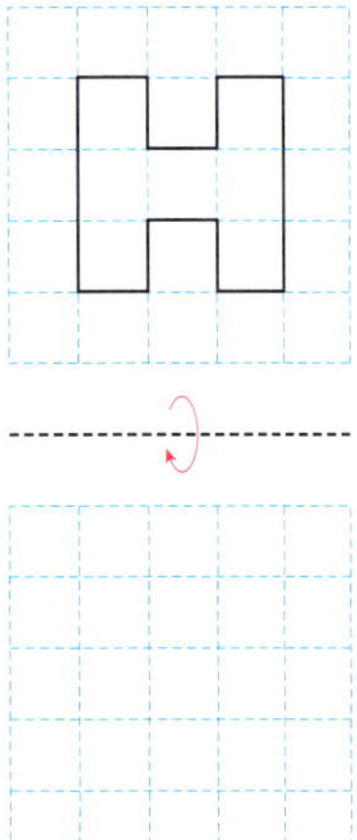

8.

★ 이름 :

★ 날짜 :

★ 시간 :　시　분 ~　시　분

🐸 왼쪽 도형을 ◔ 방향으로, 오른쪽 도형을 ◔ 방향으로 돌렸을 때 생기는 모양을 그려 보시오.(1~2)

1.

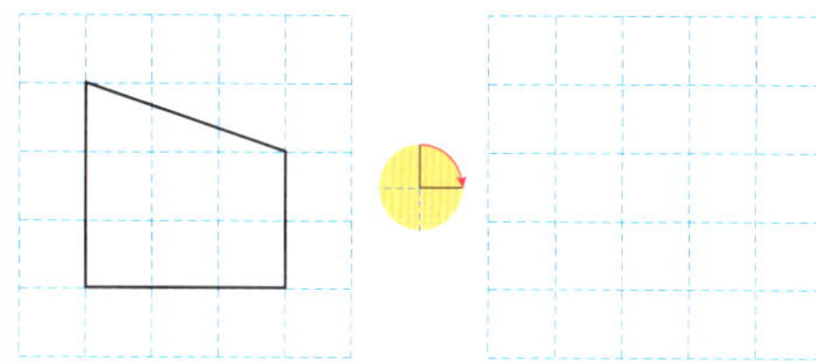

2.

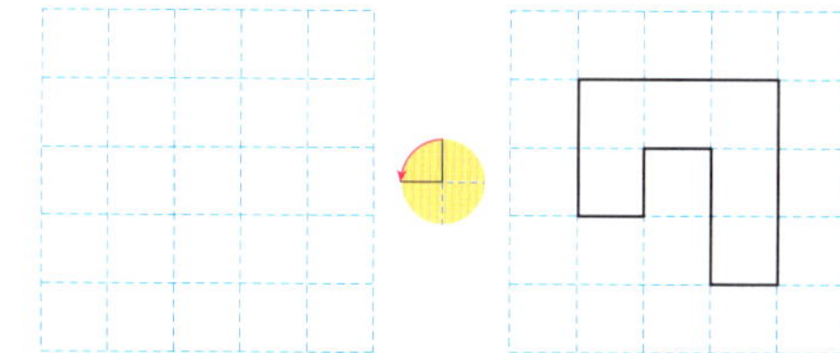

🐸 왼쪽 도형을 ◑ 방향으로, 오른쪽 도형을 ◑ 방향으로 돌렸을 때 생기는 모양을 그려 보시오.(3~4)

3.

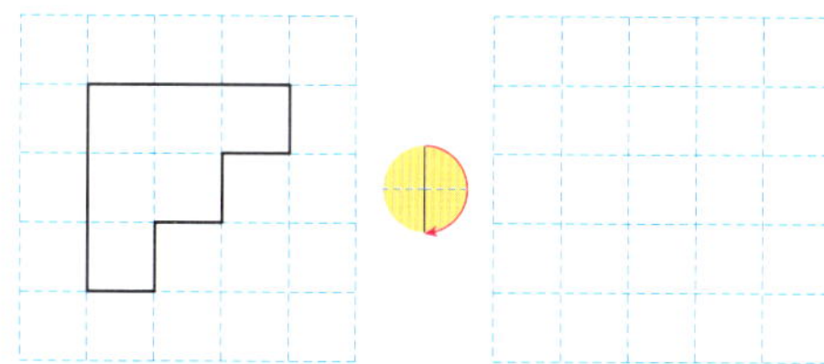

4.

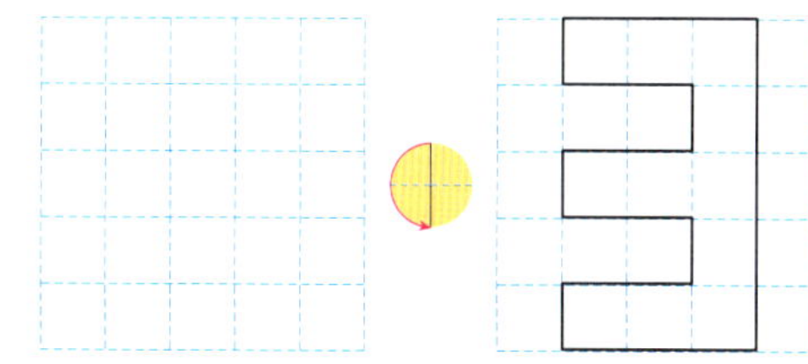

확인 학습

 왼쪽 도형을 방향으로, 오른쪽 도형을 방향으로 돌렸을 때 생기는 모양을 그려 보시오.(5~6)

5.

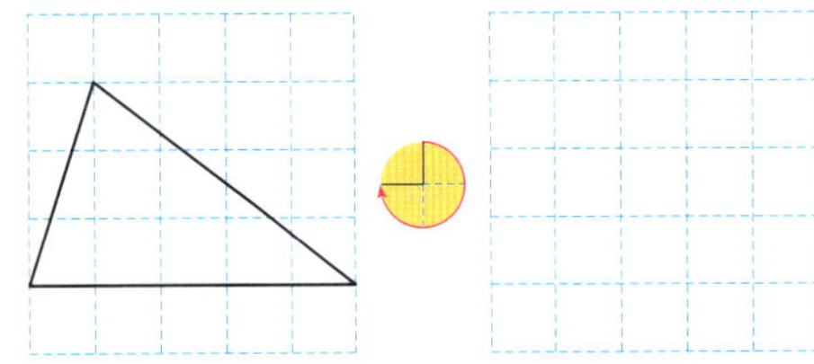

6.

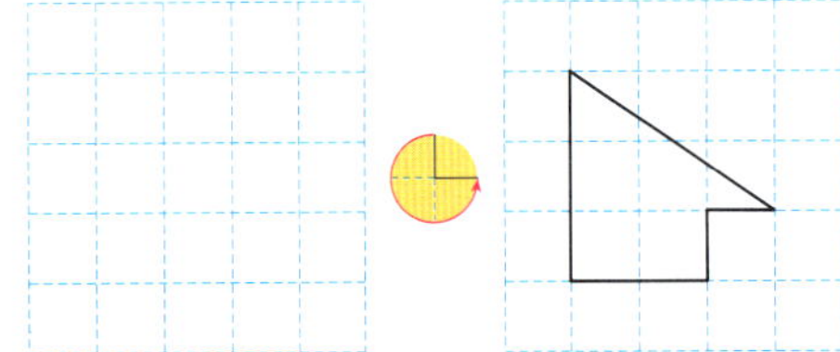

왼쪽 도형을 방향으로, 오른쪽 도형을 방향으로 돌렸을 때 생기는 모양을 그려 보시오.(7~8)

7.

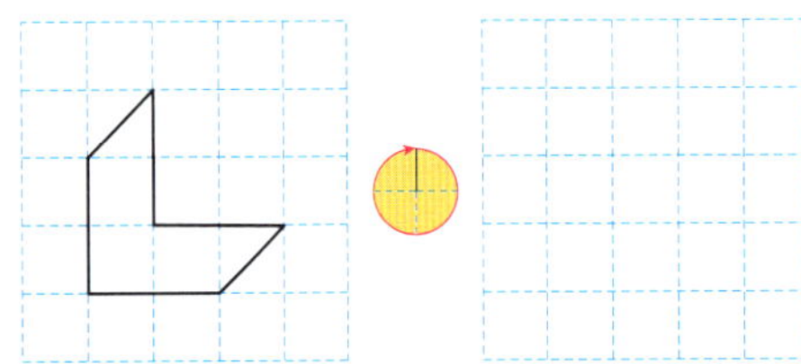

8.

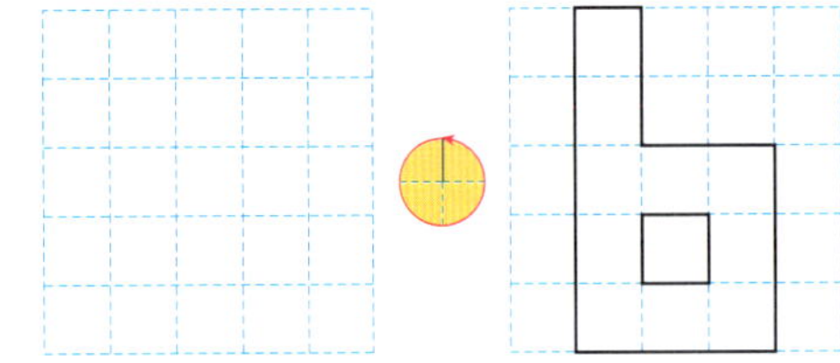

확인 학습

🐸 왼쪽 도형을 오른쪽으로 뒤집은 후 , 방향으로 돌렸을 때 생기는 모양을 각각 그려 보시오.(1~2)

1.

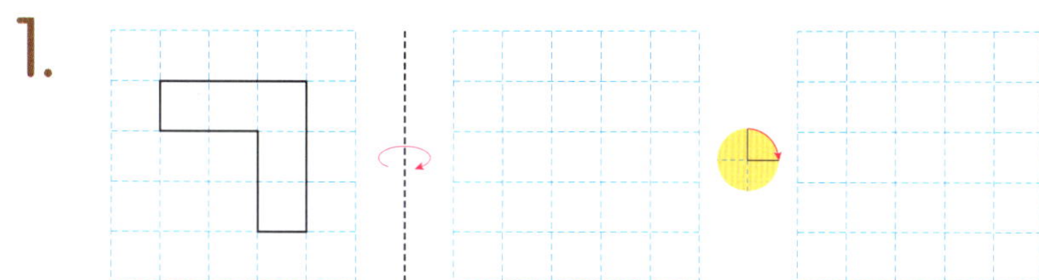

2.

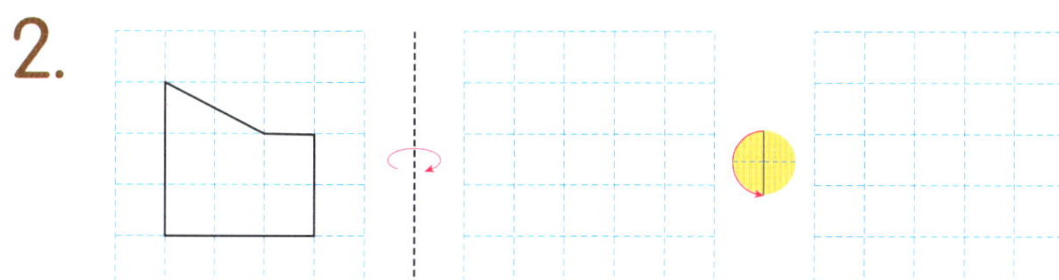

🐸 오른쪽 도형을 왼쪽으로 뒤집은 후 , 방향으로 돌렸을 때 생기는 모양을 각각 그려 보시오.(3~4)

3.

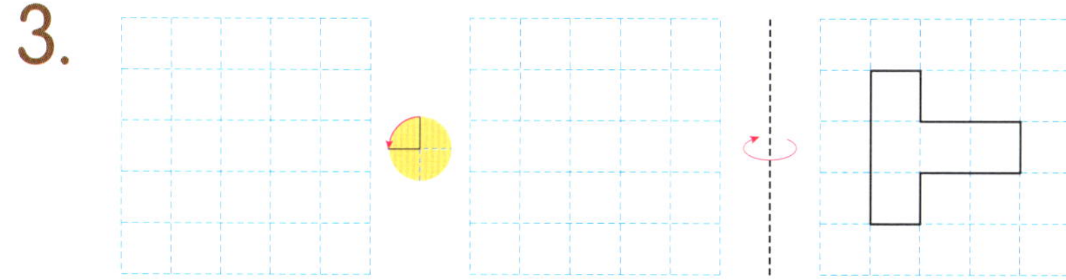

4.

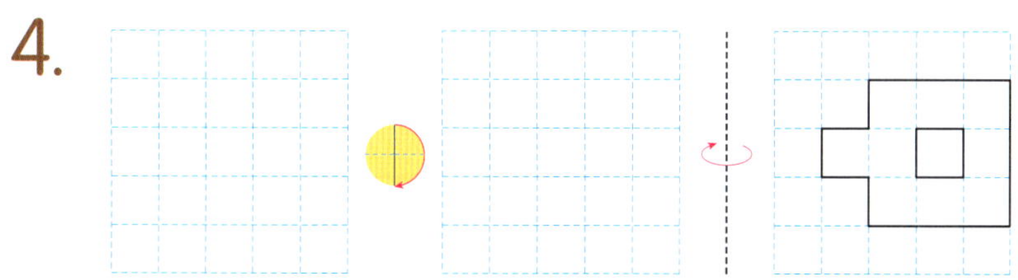

5. 도형을 아래쪽으로 민 후 오른쪽으로 뒤집었을 때 생기는 모양을 각각 그려 보시오.

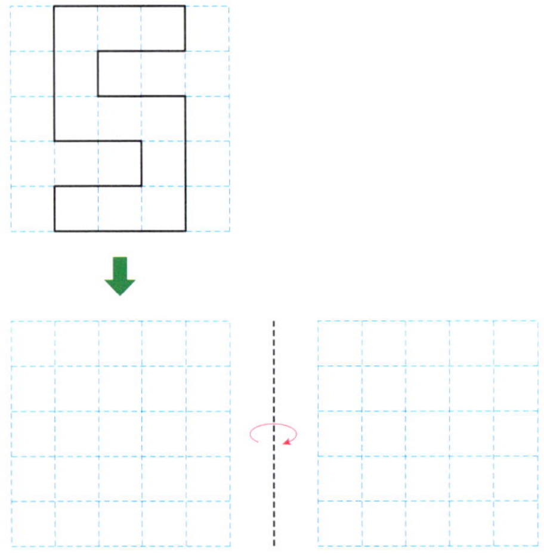

6. 도형을 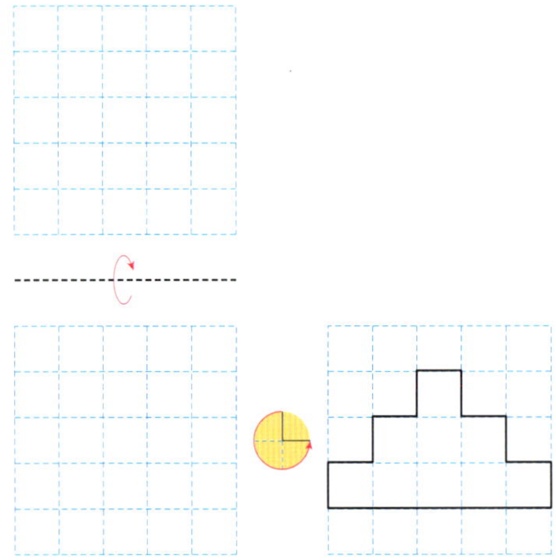 방향으로 돌린 후 위쪽으로 뒤집었을 때 생기는 모양을 각각 그려 보시오.

✿ 이름 :

✿ 날짜 :

✿ 시간 :　　시　　분 ~ 　　시　　분

확인

1. □ 안에 알맞은 말을 써넣으시오.

도형을 어느 방향으로 밀어도 도형의 　　　과 　　　는 변하지 않습니다.

2. 오른쪽 도형은 어떤 도형을 오른쪽으로 **2**번 뒤집었을 때 생긴 모양입니다. 처음 도형을 그려 보시오.

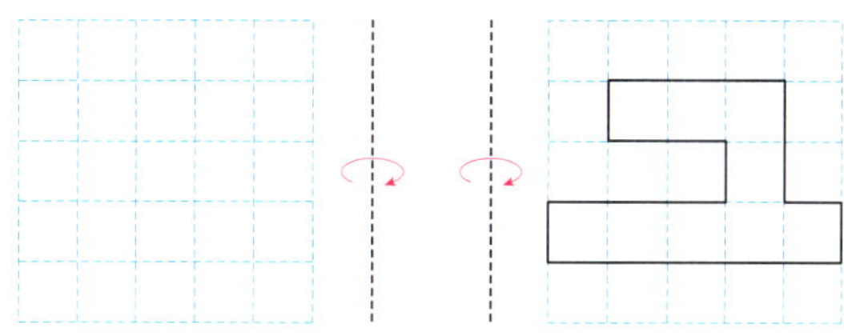

3. 시계 그림을 보고 물음에 답하시오.

(1) 시곗바늘을 　 방향으로 돌리면 어떤 숫자를 가리키겠습니까?

[답]

(2) 시곗바늘을 　 방향으로 돌리면 어떤 숫자를 가리키겠습니까?

[답]

확인 학습

4. 왼쪽 도형을 오른쪽으로 얼마만큼 돌리면 오른쪽 모양이 되는지 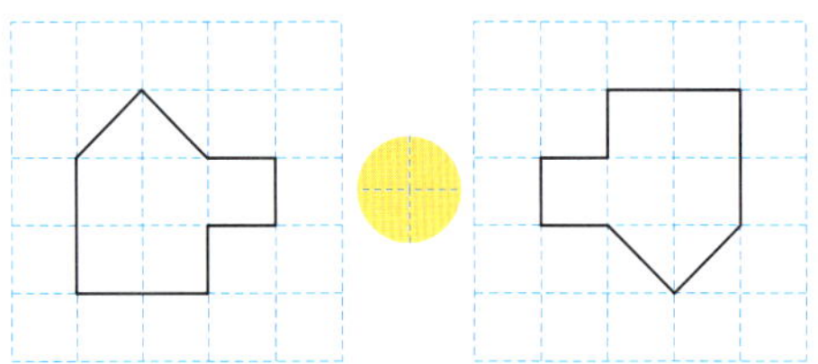 위에 나타내시오.

5. 다음 도형 중 밀기, 뒤집기, 돌리기를 하여도 항상 똑같은 모양이 되는 것은 어느 것입니까?

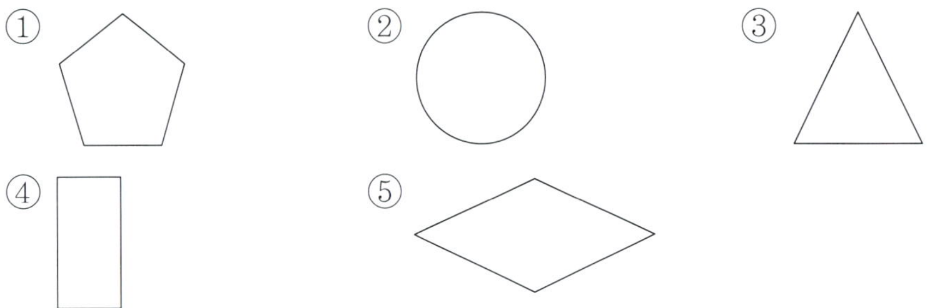

① ② ③ ④ ⑤

6. 왼쪽 도형을 아래쪽으로 뒤집은 후 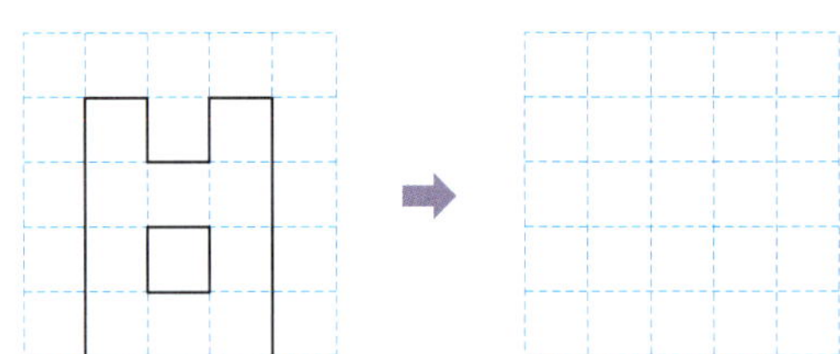 방향으로 돌렸을 때 생기는 모양을 그려 보시오.

🐸 다음 곱셈을 하시오.(1~8)

1.
```
    4 0
  ×   7
```

2.
```
    8 4
  ×   3
```

3.
```
    3 3
  ×   4
```

4.
```
    2 4
  ×   2
```

5.
```
    6 1
  ×   3
```

6.
```
    4 7
  ×   8
```

7.
```
    5 5
  ×   6
```

8.
```
    1 6
  ×   5
```

다음 곱셈을 하시오.(9~16)

9.
```
   9 7
 ×   2
```

10.
```
   4 1
 ×   5
```

11.
```
   1 2
 ×   3
```

12.
```
   2 4
 ×   7
```

13.
```
   6 3
 ×   5
```

14.
```
   7 0
 ×   6
```

15.
```
   3 8
 ×   2
```

16.
```
   5 6
 ×   9
```

🐸 다음 곱셈을 하시오.(1~10)

1. $21 \times 4 =$

2. $95 \times 3 =$

3. $33 \times 8 =$

4. $14 \times 6 =$

5. $82 \times 2 =$

6. $76 \times 5 =$

7. $49 \times 9 =$

8. $51 \times 8 =$

9. $50 \times 5 =$

10. $68 \times 2 =$

다음 곱셈을 하시오.(11~20)

11. $57 \times 4 =$

12. $90 \times 9 =$

13. $48 \times 2 =$

14. $35 \times 7 =$

15. $86 \times 8 =$

16. $43 \times 2 =$

17. $92 \times 4 =$

18. $26 \times 5 =$

19. $19 \times 6 =$

20. $29 \times 3 =$

확인 학습

1. □ 안에 알맞은 수를 써넣으시오.

$$60 \times 4 = 80 \times \boxed{}$$

2. □ 안에 알맞은 수를 써넣으시오.

$$22 + 22 + 22 + 22 = \boxed{} \times \boxed{} = \boxed{}$$

3. 수 모형으로 나타낸 것을 곱셈식으로 나타내시오.

[식]

4. 그림을 보고 □ 안에 알맞은 수를 써넣으시오.

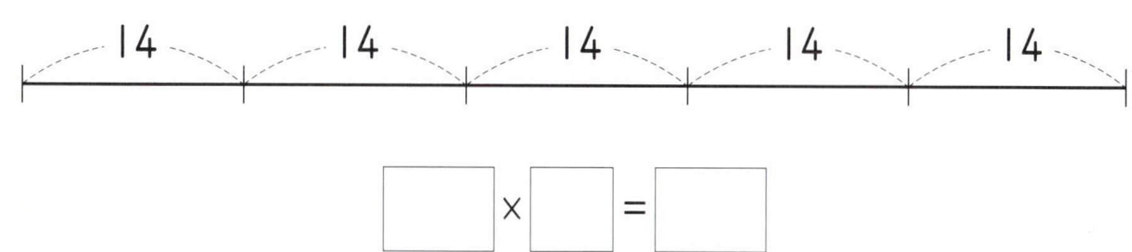

$$\boxed{} \times \boxed{} = \boxed{}$$

확인 학습

5. □ 안에 알맞은 수를 써넣으시오.

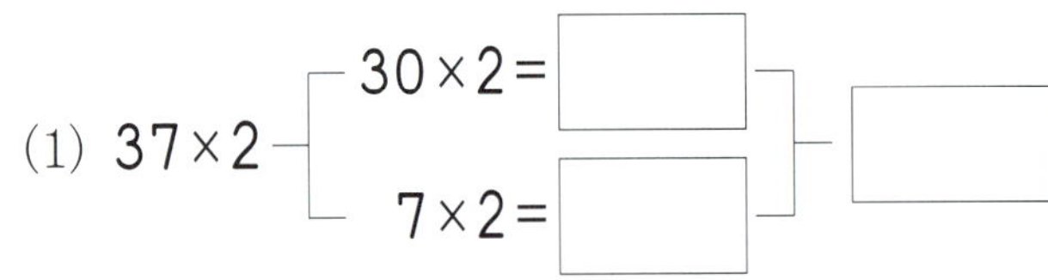

(1) 37×2
- $30 \times 2 = $ ☐
- $7 \times 2 = $ ☐
- ☐

(2) 58×6
- $50 \times 6 = $ ☐
- $8 \times 6 = $ ☐
- ☐

6. □ 안에 알맞은 수를 써넣으시오.

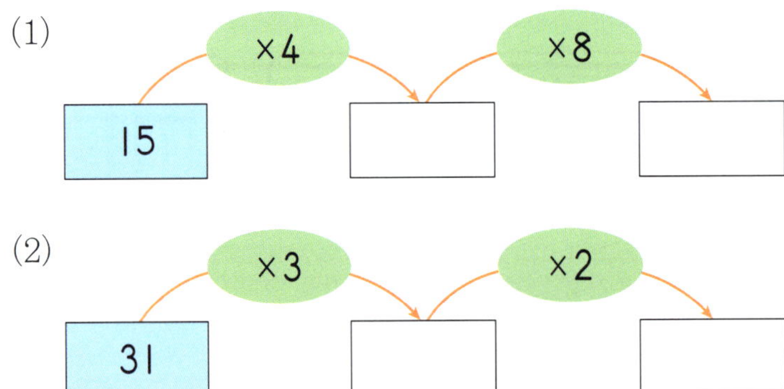

(1) 15 → $\times 4$ → ☐ → $\times 8$ → ☐

(2) 31 → $\times 3$ → ☐ → $\times 2$ → ☐

7. 두 곱의 합을 구하시오.

$$80 \times 9, \quad 93 \times 7$$

[답]

확인 학습

✿ 이름 :	
✿ 날짜 :	
✿ 시간 : 시 분 ~ 시 분	

1. ○ 안에 >, =, <를 알맞게 써넣으시오.

(1) 49×2 ◯ 11×9 　　　(2) 30×5 ◯ 75×2

(3) 36×9 ◯ 81×4 　　　(4) 63×3 ◯ 70×2

2. 빈칸에 알맞은 수를 써넣으시오.

×	2	5	8
27		135	
52			416
90	180		

3. 곱셈을 하여 답이 같은 것끼리 서로 이으시오.

50×6 •	• 18×4
36×2 •	• 66×2
91×3 •	• 39×7
22×6 •	• 75×4

확인 학습

4. 우리 반 학생 31명에게 공책을 7권씩 주려고 합니다. 공책은 모두 몇 권 있어야 합니까?

[식]   [답]

5. 연극을 보기 위해 학생들이 강당에 모였습니다. 강당에는 6명씩 앉을 수 있는 의자가 24개 있습니다. 의자에 앉을 수 있는 학생은 모두 몇 명입니까?

[식]   [답]

6. 미희와 경호는 동화책을 읽고 있습니다. 하루에 미희는 12쪽씩 5일 읽었고, 경호는 11쪽씩 4일 읽었습니다. 미희와 경호가 읽은 동화책은 모두 몇 쪽입니까?

[답]

7. 과일 가게에 사과는 45개씩 5상자 있고, 귤은 50개씩 9상자 있습니다. 과일 가게에 있는 귤은 사과보다 몇 개 더 많습니까?

[답]

 확인 학습

 창의력 학습

[보기]의 그림은 일정한 계산 방법을 나타내는 그림들입니다. 어떤 방법으로 계산을 하고 있는 그림들인지 추리하여, 아래 그림도 같은 방법으로 계산하여 보시오.

보기

$$\begin{array}{c}3 \\ 2\end{array} \Rightarrow 6 \qquad \begin{array}{c}8 \\ 2\end{array} \Rightarrow 4 \qquad \begin{array}{c}4 \\ 9 \\ 6\end{array} \Rightarrow 6$$

$$\begin{array}{c}2 \\ 2\end{array} + \begin{array}{c}9 \\ 3\end{array} - \begin{array}{c}2 \\ 4 \\ 2\end{array} + \begin{array}{c}2 \\ 1\end{array}$$

현주네 아파트 엘리베이터의 정원은 13명입니다. 80명이 10층까지 엘리베이터를 타고 올라가려면 엘리베이터를 적어도 몇 번에 나누어 타야 합니까?

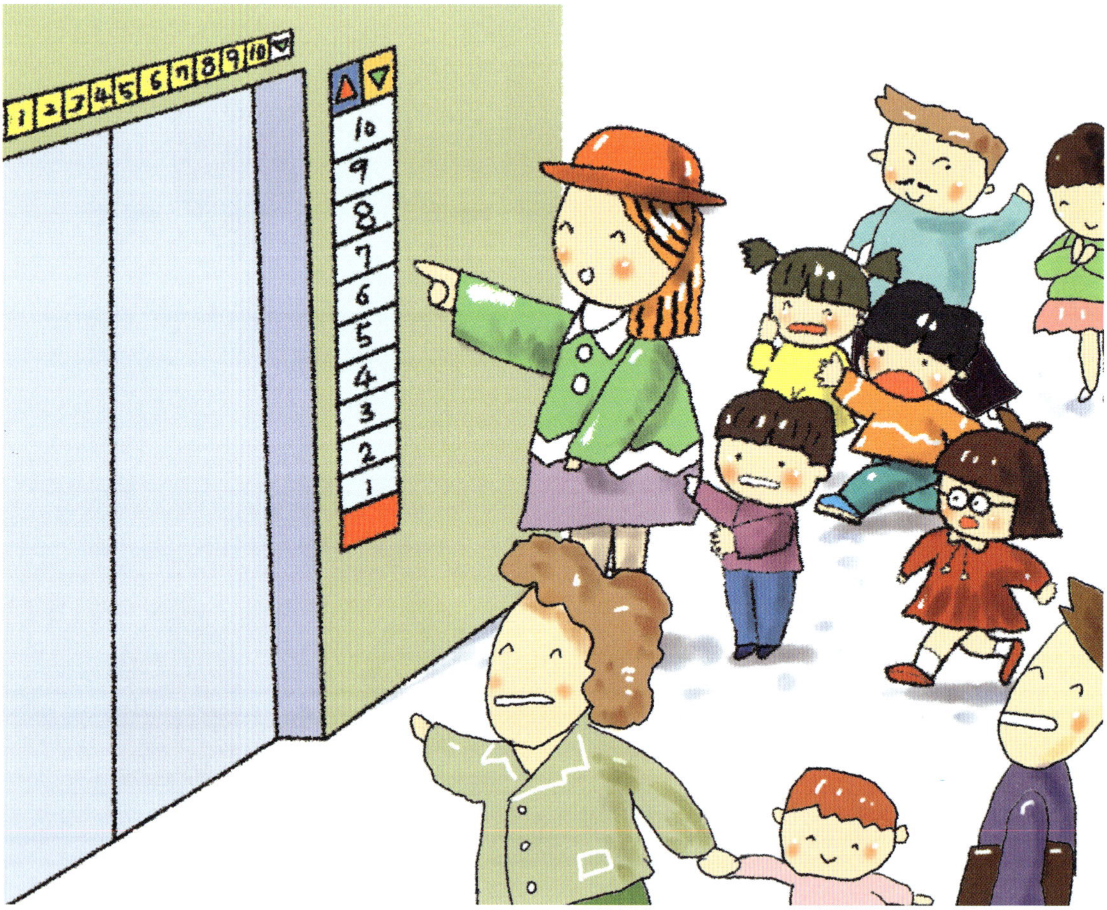

★ 이름 :

★ 날짜 :

★ 시간 :　시　분 ~　시　분

확인

 경시 대회 예상 문제

1. ㉠에 들어갈 알맞은 수를 구하시오.

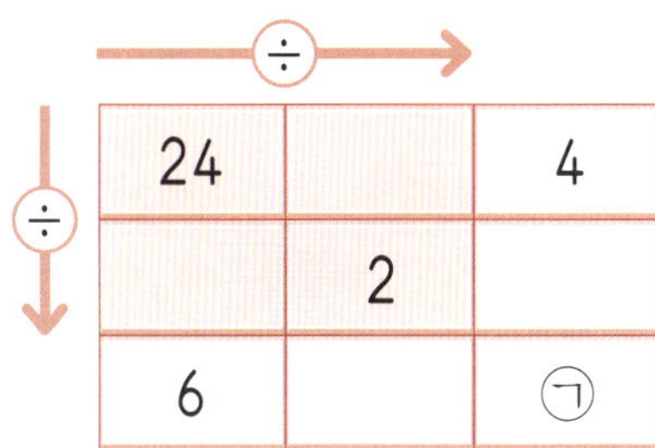

[답]

2. 어떤 수를 8로 나누었더니 몫이 □가 되었습니다. 이 □를 4로 나누었더니 몫이 2가 되었습니다. 어떤 수는 얼마입니까?

[답]

서술형·논술형

3. 으뜸이는 100쪽짜리 동화책을 어제까지 58쪽 읽었습니다. 나머지는 일주일 동안 매일 같은 쪽수씩 읽으려고 합니다. 하루에 몇 쪽씩 읽으면 되는지 풀이 과정을 써서 구하시오.

[답]

4. 색연필 36자루를 친구 4명에게 똑같게 나누어 주려고 합니다. 한 친구에게 몇 자루씩 줄 수 있는지 다음과 같은 세로 형식의 나눗셈식을 이용하여 구했습니다. ㉠−㉢의 값을 구하시오.

[답]

5. 왼쪽 글자를 아래쪽으로 뒤집고, 다시 왼쪽으로 뒤집은 후 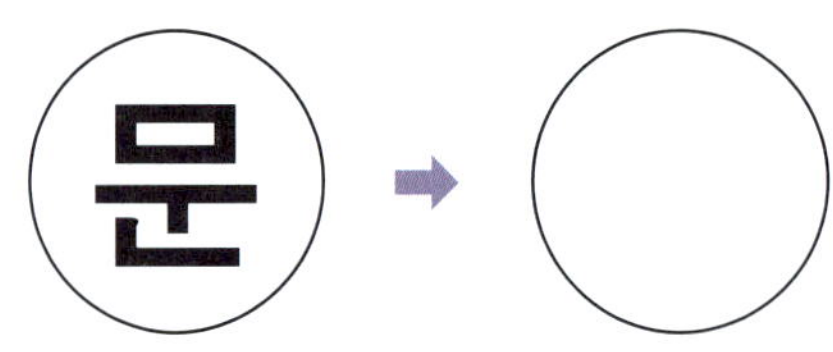 방향으로 돌렸을 때 생기는 모양을 그려 보시오.

6. 왼쪽 도형을 위쪽으로 2번 뒤집은 후  방향으로 돌렸을 때 생기는 모양을 그리는 과정을 설명하고 모양을 그려 보시오.

7. 왼쪽 도형을 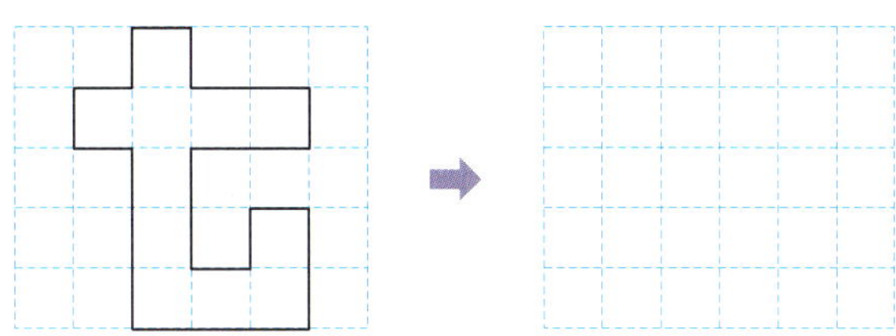 방향으로 연속 2번 돌린 후 아래쪽으로 3번 뒤집었을 때 생기는 모양을 그려 보시오.

8. 어떤 도형을 오른쪽으로 뒤집고 다시  방향으로 돌렸더니 오른쪽 그림과 같았습니다. 처음 도형을 그려 보시오.

9. 빈 곳에 알맞은 수를 써넣으시오.

(1) ㉠÷4 = 8
63÷㉡ = 7 ┐ ㉠×㉡ = □

(2)
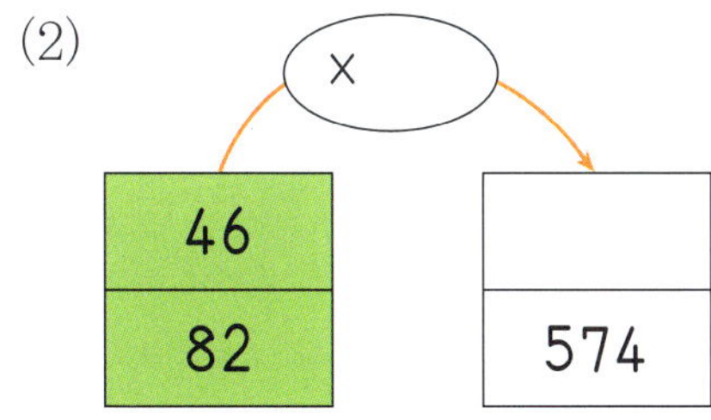

10. 숫자 카드 4, 0, 8, 9 중에서 2장을 뽑아 두 자리 수를 만들 때, 두 번째로 큰 수와 두 번째로 작은 수의 차를 4배하면 얼마입니까?

[답]

11. 다음 조건을 만족하는 수는 무엇인지 풀이 과정을 써서 구하시오.

> • 두 자리 수입니다.
> • 십의 자리 숫자는 일의 자리 숫자의 4배입니다.
> • 두 자리 수와 3의 곱은 246입니다.

[답]

12. 숫자 카드 2, 5, 7, 6 중에서 3장을 뽑아 (두 자리 수)×(한 자리 수)의 곱셈식을 만들 때, 가장 큰 곱과 가장 작은 곱의 합은 얼마입니까?

[답]

1. 몫이 큰 것부터 차례로 기호를 쓰시오.

㉠ $27 \div 9$ ㉡ $28 \div 4$
㉢ $3\overline{)12}$ ㉣ $7\overline{)14}$

[답]

2. 빈 곳에 알맞은 수를 써넣으시오.

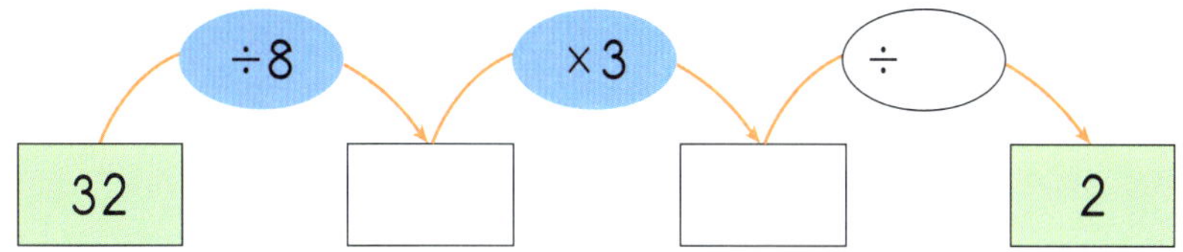

3. 곱셈식을 보고 나눗셈식 2개를 써 보시오.

$9 \times 5 = 45$

☐ ÷ ☐ = ☐

☐ ÷ ☐ = ☐

4. 사과를 한 사람에게 3개씩 나누어 주려고 합니다. 모두 몇 사람에게 나누어 줄 수 있습니까?

[식]   [답]

5. 사과를 8사람에게 똑같게 나누어 주려고 합니다. 한 사람에게 몇 개씩 나누어 줄 수 있습니까?

[식]   [답]

6. 한 봉지에 10개씩 들어 있는 빵이 3봉지 있습니다. 이것을 5사람에게 똑같이 나누어 주면, 한 사람이 몇 개씩 가지게 됩니까?

[답]

7. 구슬을 민우는 25개, 승우는 29개 가지고 있습니다. 이것을 6봉지에 똑같이 나누어 담으려면, 한 봉지에 몇 개씩 담아야 합니까?

[답]

8. 가운데 도형을 왼쪽과 오른쪽으로 밀었을 때 생기는 모양을 각각 그려 보시오.

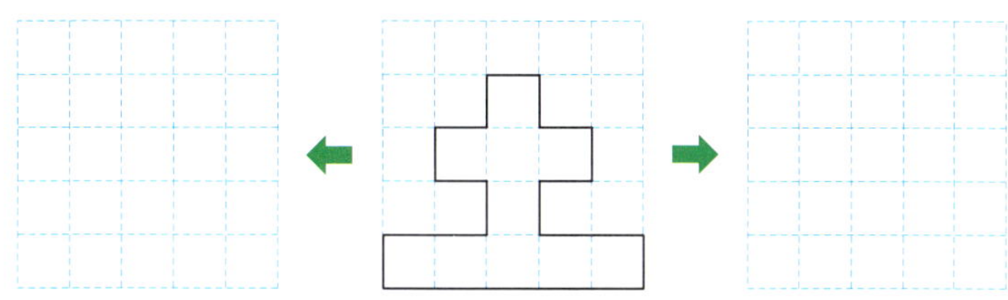

9. 가운데 도형을 왼쪽과 오른쪽으로 뒤집었을 때 생기는 모양을 각각 그려 보시오.

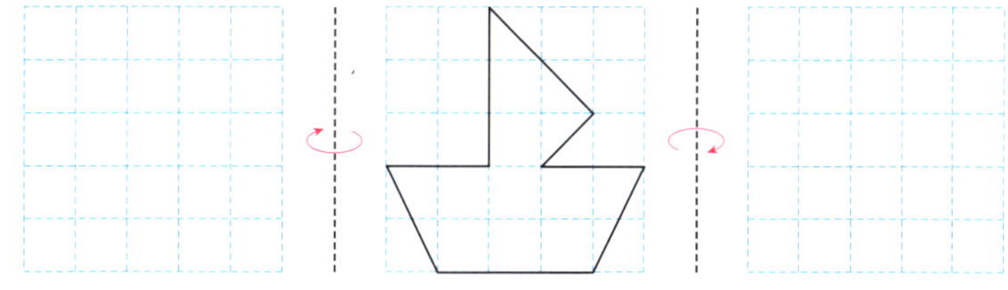

10. 가운데 도형을  방향으로 돌렸을 때 생기는 모양을 각각 그려 보시오.

11. 왼쪽 도형을 오른쪽으로 뒤집은 후  방향으로 돌렸을 때 생기는 모양을 각각 그려 보시오.

12. 왼쪽 도형을 오른쪽으로 얼마만큼 돌리면 오른쪽 모양이 되는지 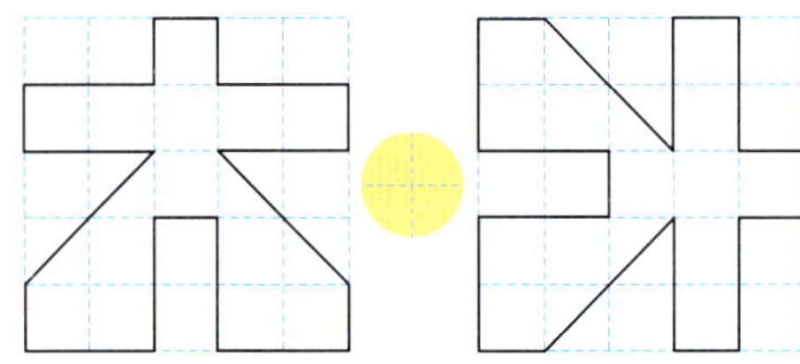 위에 나타내시오.

13. 어떻게 움직인 것인지 옳은 것을 모두 고르시오.

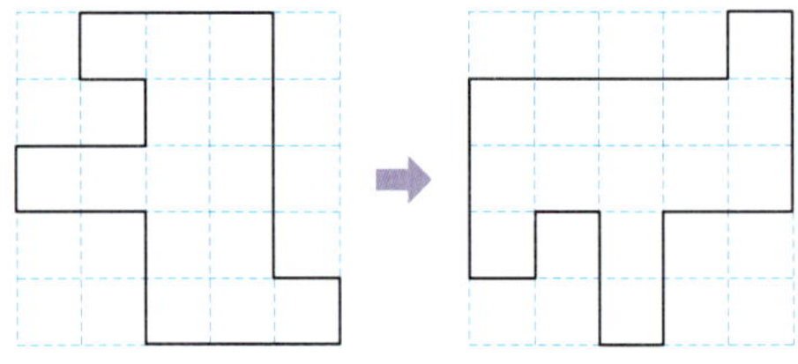

① 왼쪽으로 밀기　　　　　　　② 위쪽으로 뒤집기

③ 방향으로 돌리기　　　　　　④ 방향으로 돌리기

⑤ 오른쪽으로 직각의 **2**배만큼 돌리기

14. 빈 곳에 알맞은 수를 써넣으시오.

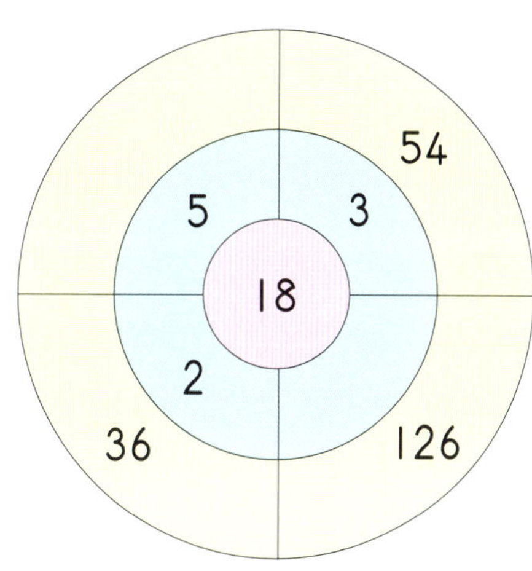

15. 곱이 가장 큰 것은 어느 것입니까?

① 23×4　　　② 61×2　　　③ 11×6
④ 20×5　　　⑤ 35×3

16. ☐ 안에 알맞은 수를 써넣으시오.

$$94+94+94+94+94 = \boxed{} \times \boxed{} = \boxed{}$$

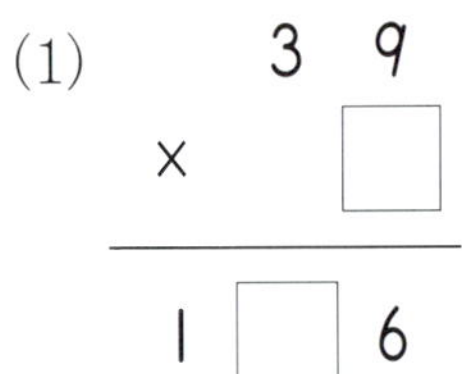

17. ☐ 안에 알맞은 숫자를 써넣으시오.

(1)
$$\begin{array}{r} 3\ 9 \\ \times\ \ \square \\ \hline 1\ \square\ 6 \end{array}$$

(2)
$$\begin{array}{r} \square\ 4 \\ \times\ \ \square \\ \hline 4\ 4\ 8 \end{array}$$

18. ☐ 안에 들어갈 수 있는 수 중에서 가장 큰 수를 구하시오.

$$67 \times \square < 26 \times 9$$

[답]

19. 연필 1타는 12자루입니다. 가영이는 연필 7타를 선물로 받았습니다. 가영이가 받은 연필은 모두 몇 자루입니까?

[식]　　　　　　　　　　　　　　[답]

20. 어떤 수에 6을 곱해야 할 것을 잘못하여 더했더니 32가 되었습니다. 바르게 계산하면 얼마입니까?

[답]

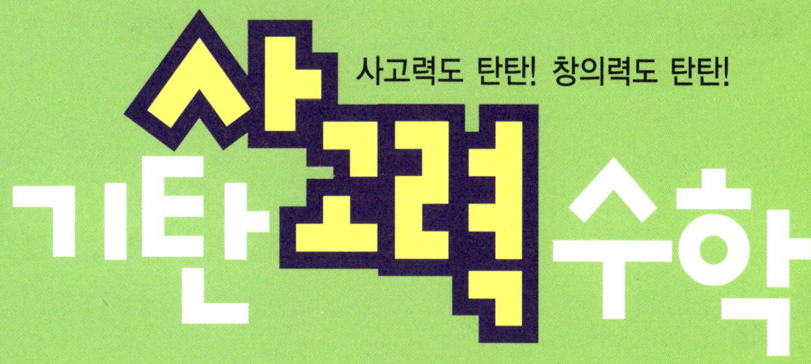

사고력도 탄탄! 창의력도 탄탄!
사고력
기탄 수학

해답

G61a~G120b

해답은 따로 보관하고 있다가
채점할 때 사용해 주세요.

61a

1. 5, 2

[풀이] ■÷●=▲
➡ ■ 나누기 ●는 ▲와 같습니다.

2. 5, 2

3. 몫

61b

4. (1) [예]

(2) 6, 2, 2봉지

[풀이] 사과 12개를 6개씩 묶어서 2번 덜어 내면 0이 됩니다.
➡ 12÷6=2(봉지)에 담을 수 있습니다.

5. (1) [예]

(2) [식] 20÷4=5   [답] 5개

[풀이] 과자 20개를 4개씩 묶어서 5번 덜어 내면 0이 됩니다.
➡ 접시는 20÷4=5(개) 있어야 합니다.

62a

1. (1) 45÷9=5
   (2) 21÷7=3

[풀이] (1) 45−9−9−9−9−9=0
                    5번
➡ 45÷9=5
(2) 21−7−7−7=0
          3번
➡ 21÷7=3

2. (1) [예]

(2) 2, 2, 2, 2, 2
(3) 10, 2, 5

[풀이] (3) 10에서 2씩 5번 묶어 덜어 내면 0이 된다는 의미의 문장을 만듭니다.

62b

3. 8, 2

4. 8, 2

5. 몫

63a

1. (1)

(2) 3, 4, 4개

[풀이] 축구공 12개를 3곳으로 똑같게 나누면 한 곳에 4개씩입니다.
➡ 12÷3=4(개)

2. (1)

(2) [식] 8÷4=2   [답] 2마리

[풀이] 금붕어 8마리를 어항 4개에 똑같게 나누어 넣으려면, 한 어항에 2마리씩 넣어야 합니다.
➡ 8÷4=2(마리)

63b

3. (1)

(2) 6, 2, 3

4. (1)

(2) 10, 5, 2

64a

1. (1) 횟수 (2) 횟수 (3) 개수

[풀이] 나눗셈식 ■÷●=▲에서 몫 ▲가 나타내는 의미
• ■에서 ●를 ▲번 묶어 덜어 낼 수 있다는 횟수
• ■에서 ●를 ▲번 빼면 0이 된다는 횟수
• ■를 ●곳으로 똑같게 나누면 한 곳에 ▲개씩이라는 개수

기탄고력수학 G-❷집 해답

64b

2. (1) 18, 6, 3, 횟수
   (2) 18, 6, 3, 횟수

3. 9, 3, 3, 개수

65a

1. 5, 15

풀이 3개씩 5묶음이므로 곱셈식으로 나타내면 $3 \times 5 = 15$입니다.

2. (3, 5), (5, 3)

풀이 • 15에서 3을 5번 묶어 덜어 낼 수 있습니다.
➡ $15 \div 3 = 5$

• 15를 5곳으로 똑같이 나누면 한 곳에 3개씩입니다.
➡ $15 \div 5 = 3$

3. 5, 3

풀이 곱셈식을 보고 나눗셈식 2개를 만들 수 있습니다.

$$3 \times 5 = 15 \qquad 3 \times 5 = 15$$
$$15 \div 3 = 5 \qquad 15 \div 5 = 3$$

65b

4. (28, 4, 7), (28, 7, 4)

풀이 ■ × ● = ▲ ⟷ ▲ ÷ ■ = ●
                    ▲ ÷ ● = ■

5. (4, 6, 24), (6, 4, 24)

풀이 ■ ÷ ● = ▲ ⟷ ▲ × ● = ■
                    ● × ▲ = ■

6. $3 \times 8 = 24$,
   ($24 \div 3 = 8$, $24 \div 8 = 3$)

풀이 • 3개씩 8묶음이므로 곱셈식으로 나타내면 $3 \times 8 = 24$입니다.
• $3 \times 8 = 24$를 나눗셈식으로 나타내면 다음과 같습니다.

$$3 \times 8 = 24 \qquad 3 \times 8 = 24$$
$$24 \div 3 = 8 \qquad 24 \div 8 = 3$$

66a

1. (1) 예

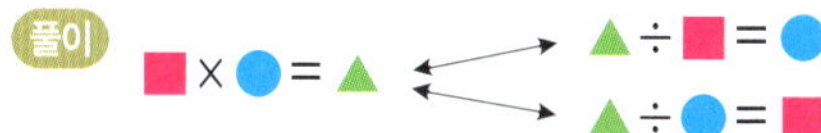

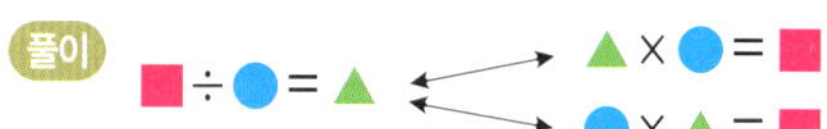

   (2) [식] $27 \div 9 = 3$ [답] 3명

풀이 구슬 27개를 9개씩 묶어서 3번 덜어 내면 0이 됩니다.
➡ $27 \div 9 = 3$(명)

2. (1)

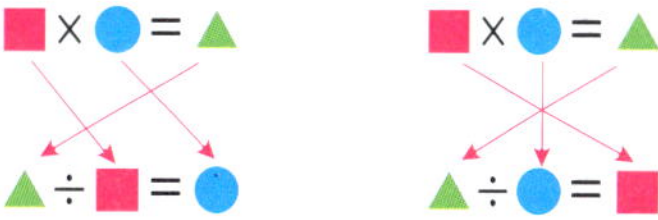

   (2) [식] $18 \div 3 = 6$ [답] 6개

풀이 풍선 18개를 3곳으로 똑같게 나누면 한 곳에 6개씩입니다.
➡ $18 \div 3 = 6$(개)

66b

3. (1) 예 • 27에서 9를 3번 묶어 덜어 낼 수 있다는 횟수
   • 27에서 9를 3번 빼면 0이 된다는 횟수
   (2) 27을 9곳으로 똑같게 나누면 한 곳에 3개씩이라는 개수

4. $72 \div 8 = 9$, $72 \div 9 = 8$

풀이 곱셈과 나눗셈의 관계

■ × ● = ▲   ■ × ● = ▲
▲ ÷ ■ = ●   ▲ ÷ ● = ■

5. $6 \times 3 = 18$,
   ($18 \div 6 = 3$, $18 \div 3 = 6$)

67a

1.

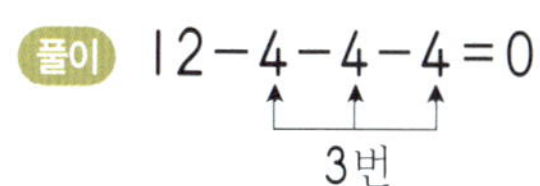

, 3

풀이 4개씩 묶어 3번 덜어 낼 수 있으므로 몫은 3입니다.

2. (4, 4, 4), 3

풀이 $12 - 4 - 4 - 4 = 0$
   3번
➡ $12 \div 4 = 3$

67b

3. 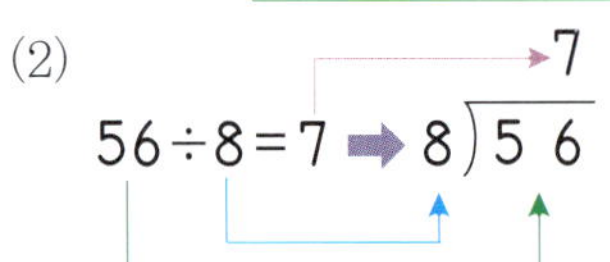
..., 3

풀이 한 곳에 3개씩이므로 묶은 3입니다.

4. 3, 3

풀이 나누는 수의 ●의 단 곱셈구구를 이용합니다.

■ ÷ ● = ▲ ↔ ● × ▲ = ■

68a

1. (1) 7, 7 (2) 5, 5

풀이 곱셈구구를 이용하여 나눗셈의 몫을 구하는 방법이 가장 쉽고 편리합니다.

(1) 3의 단 곱셈구구에서 곱이 21인 경우는 $3 \times 7 = 21$입니다.

(2) 8의 단 곱셈구구에서 곱이 40인 경우는 $8 \times 5 = 40$입니다.

2. (1) 2 (2) 4 (3) 7 (4) 9

풀이 (1) $18 \div 9 = 2 \leftrightarrow 9 \times 2 = 18$

(2) $36 \div 9 = 4 \leftrightarrow 9 \times 4 = 36$

(3) $63 \div 9 = 7 \leftrightarrow 9 \times 7 = 63$

(4) $81 \div 9 = 9 \leftrightarrow 9 \times 9 = 81$

3. (1) 8 (2) 6 (3) 6 (4) 8

풀이 (1) 2의 단 곱셈구구를 이용하여 몫을 구합니다.

➡ $16 \div 2 = 8 \leftrightarrow 2 \times 8 = 16$

(2) 4의 단 곱셈구구를 이용하여 몫을 구합니다.

➡ $24 \div 4 = 6 \leftrightarrow 4 \times 6 = 24$

(3) 6의 단 곱셈구구를 이용하여 몫을 구합니다.

➡ $36 \div 6 = 6 \leftrightarrow 6 \times 6 = 36$

(4) 7의 단 곱셈구구를 이용하여 몫을 구합니다.

➡ $56 \div 7 = 8 \leftrightarrow 7 \times 8 = 56$

4. (1) 5 (2) 6

풀이 (1) $25 \div 5 = 5 \leftrightarrow 5 \times 5 = 25$

(2) $54 \div 9 = 6 \leftrightarrow 9 \times 6 = 54$

68b

5. (1) 9 (2) 7
$4)\overline{36}$ $8)\overline{56}$

풀이 (1)
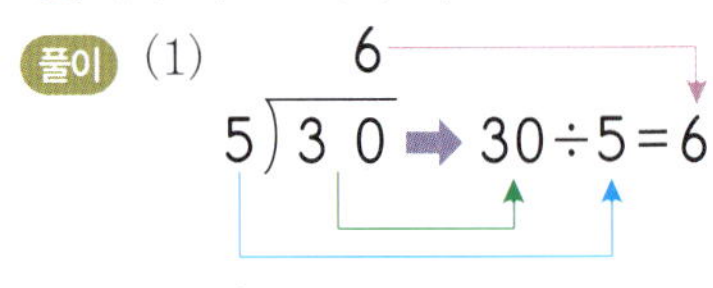
$36 \div 4 = 9$

(2)
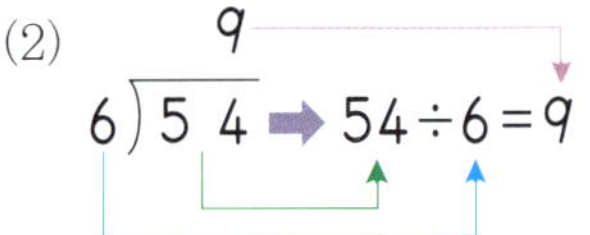
$56 \div 8 = 7$

6. (1) 5, 6 (2) 6, 9

풀이 (1)
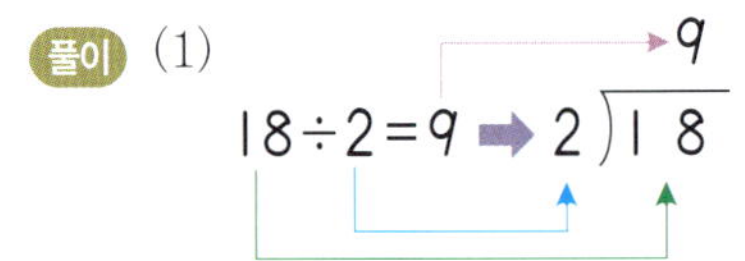
$30 \div 5 = 6$

(2)
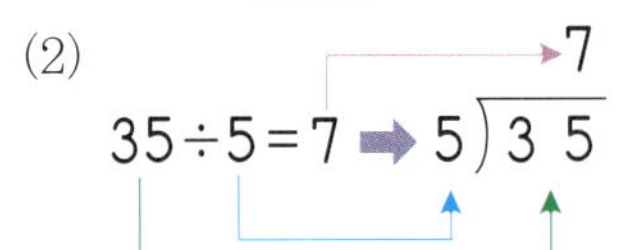
$54 \div 6 = 9$

69a

1. (1) 9 (2) 7
$2)\overline{18}$ $5)\overline{35}$

풀이 (1)
$18 \div 2 = 9$

(2)
$35 \div 5 = 7$

2. (1) 4 (2) 9
$8)\overline{32}$ $3)\overline{27}$

풀이
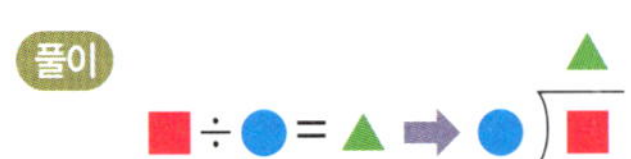
■ ÷ ● = ▲ ➡ ●)■

3. (1) 5 (2) 8 (3) 4 (4) 8

풀이 (1) $7 \times 5 = 35$이므로

$35 \div 7 = 5$ ➡ $7)\overline{35}$ (몫 5)

(2) $6 \times 8 = 48$이므로

$48 \div 6 = 8$ ➡ $6)\overline{48}$ (몫 8)

(3) $4 \times 4 = 16$이므로

$16 \div 4 = 4$ ➡ $4\overline{)16}$ (몫 4)

(4) $9 \times 8 = 72$이므로

$72 \div 9 = 8$ ➡ $9\overline{)72}$ (몫 8)

69b

4. 〔예〕
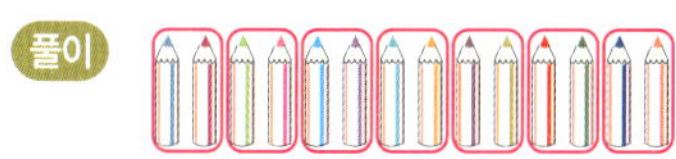

5. 5

〔풀이〕 배 20개는 4개씩 5묶음이므로 곱셈식으로 쓰면 $4 \times 5 = 20$입니다.

6. 20, 5

〔풀이〕 $4 \times 5 = 20$ ➡ $20 \div 4 = 5$

7. 5묶음

70a

1. 2, 2, 2

〔풀이〕

2자루씩 7묶음이 14자루이므로 곱셈식으로 쓰면 $2 \times 7 = 14$이고, 이것을 나눗셈식으로 쓰면 $14 \div 7 = 2$입니다. 따라서 정섭이가 산 색연필은 한 묶음에 2자루씩 들어 있습니다.

2. (9, 27), (27, 3, 9), 9사람

〔풀이〕 27장은 3장씩 9묶음이므로 곱셈식으로 쓰면 $3 \times 9 = 27$이고, 이것을 나눗셈식으로 쓰면 $27 \div 3 = 9$입니다. 따라서 9사람에게 나누어 줄 수 있습니다.

3. (5, 30), (30, 6, 5), 5명

〔풀이〕 5명씩 6모둠이 30명이므로 곱셈식으로 쓰면 $5 \times 6 = 30$이고, 이것을 나눗셈식으로 쓰면 $30 \div 6 = 5$입니다. 따라서 한 모둠을 5명으로 하면 됩니다.

70b

4. 〔식〕 $42 \div 6 = 7$ 〔답〕 7모둠

〔풀이〕 • 6명씩 ▢모둠의 학생이 42명입니다. ➡ $6 \times ▢ = 42$
• $6 \times 7 = 42$ ➡ $42 \div 6 = 7$
따라서 7모둠입니다.

5. 〔식〕 $48 \div 8 = 6$ 〔답〕 6 cm

〔풀이〕 • ▢ cm씩 8개의 길이가 48 cm입니다. ➡ $▢ \times 8 = 48$
• $6 \times 8 = 48$ ➡ $48 \div 8 = 6$
따라서 색 테이프 한 개의 길이는 6 cm입니다.

6. 〔식〕 $45 \div 5 = 9$ 〔답〕 9개

〔풀이〕 • 5개씩 ▢개의 책상에 놓일 의자가 45개입니다. ➡ $5 \times ▢ = 45$
• $5 \times 9 = 45$ ➡ $45 \div 5 = 9$
따라서 책상이 9개 있어야 합니다.

7. 〔식〕 $49 \div 7 = 7$ 〔답〕 7개

〔풀이〕 • ▢개씩 7명이 가질 구슬의 수가 49개입니다. ➡ $▢ \times 7 = 49$
• $7 \times 7 = 49$ ➡ $49 \div 7 = 7$
따라서 한 사람이 7개씩 가지면 됩니다.

71a

1. 〔예〕 , 5

〔풀이〕 2개씩 묶어 5번 덜어 낼 수 있으므로 몫은 5입니다.

2. (2, 2, 2, 2, 2), 5

〔풀이〕 $10 - 2 - 2 - 2 - 2 - 2 = 0$
(5번)

➡ $10 \div 2 = 5$

3. , 5

〔풀이〕 한 곳에 5개씩이므로 몫은 5입니다.

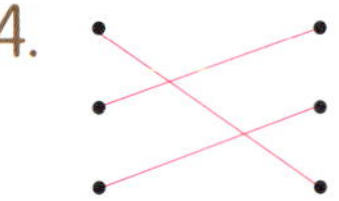

4. 5, 5

[풀이] 나누는 수의 ●의 단 곱셈구구를 이용합니다.

$$■ \div ● = ▲ \leftrightarrow ● \times ▲ = ■$$

71b

5. (1) 9　(2) 7　(3) 5　(4) 6
　　(5) 7　(6) 8　(7) 5　(8) 4

[풀이] (1) $7 \times 9 = 63 \Rightarrow 63 \div 7 = 9$

(3) $9 \times 5 = 45 \Rightarrow 45 \div 9 = 5$

(5) $4 \times 7 = 28$이므로

$$28 \div 4 = 7 \Rightarrow 4\overline{)28}$$

(7) $3 \times 5 = 15$이므로

$$15 \div 3 = 5 \Rightarrow 3\overline{)15}$$

6. [식]　$4\overline{)36}$　[답] 9명

[풀이] (전체 학생 수)÷(팀 수)
=(한 팀의 학생 수)
$\Rightarrow 36 \div 4 = 9$(명)

7. [식] $21 \div 7 = 3$　[답] 3개

[풀이] (전체 장미 수)÷(한 꽃병에 꽂으려는 장미 수)=(필요한 꽃병 수)
$\Rightarrow 21 \div 7 = 3$(개)

72a

1. (1) 6, 5　(2) 6, 5

[풀이] (1) 30에서 6을 5번 묶어 덜어낼 수 있으므로 30에 6이 5번 들어 있습니다.

2. (1) [예] 연필 18자루를 한 사람에게 3자루씩 나누어 주면 6명에게 나누어 줄 수 있습니다.
　(2) [예] 연필 18자루를 3사람이 똑같게 나누어 가지면 한 사람이 6자루씩 가질 수 있습니다.

3. [예] 운동장에 있는 학생 40명이 한 줄에 5명씩 줄을 섰더니 8줄이 되었습니다.

72b

4.

[풀이]
$$32 \div 8 = 4 \qquad 18 \div 2 = 9$$
$$54 \div 6 = 9 \qquad 42 \div 7 = 6$$
$$18 \div 3 = 6 \qquad 20 \div 5 = 4$$

5. 19

[풀이] $5 \times 8 = 40$이므로 ㉠ = 8
$7 \times 2 = 14$이므로 ㉡ = 2
$8 \times 9 = 72$이므로 ㉢ = 9
$\Rightarrow ㉠ + ㉡ + ㉢ = 8 + 2 + 9 = 19$

6. (1) [식] $24 \div 3 = 8$　　[답] 8명
　(2) [식] $56 \div 8 = 7$　　[답] 7쪽

73a
[창의력 학습]

가장 빨리 달리는 자동차 : 나
가장 늦게 달리는 자동차 : 다

73b
[창의력 학습]

[예] 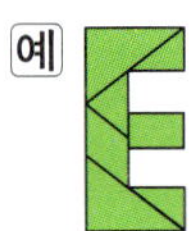

74a
[경시 대회 예상 문제]

1. (1) 16　(2) 5　(3) 28　(4) 9

[풀이] (1) $\square \div 2 = 8 \leftrightarrow 2 \times 8 = \square$
$\square = 16$
(2) $45 \div \square = 9 \leftrightarrow \square \times 9 = 45$
$\square = 5$
(3) $\square \div 7 = 4 \leftrightarrow 7 \times 4 = \square$
$\square = 28$
(4) $63 \div \square = 7 \leftrightarrow \square \times 7 = 63$
$\square = 9$

2. (1) 4　(2) 5　(3) 2　(4) 6

[풀이] (1) $32 \div 4 = 8$이므로
$8 = 2 \times \square$, $\square = 4$
(2) $40 \div 8 = 5$이므로
$5 = 25 \div \square \leftrightarrow \square \times 5 = 25$, $\square = 5$
(3) $54 \div 9 = 6$이므로
$3 \times \square = 6$, $\square = 2$
(4) $21 \div 3 = 7$이므로
$42 \div \square = 7 \leftrightarrow \square \times 7 = 42$, $\square = 6$

기탄조력수학 G-❷집 해답

3. (1) 4 (2) 6, 12, 6

풀이 (1) • $64÷㉠=8 ↔ ㉠×8=64$

$㉠=8$

• $8÷㉡=4 ↔ ㉡×4=8$

$㉡=2$

➡ $㉠÷㉡=8÷2=4$

(2) • $24÷4=6$

• $6×2=12$

• $12÷□=2 ↔ □×2=12$

$□=6$

74b

경시 대회 예상 문제

4. (1) 3, 4 (2) 2, 3, 6

풀이 (1) $20÷5=4$이므로 $24÷□$의 값은 4보다 커야 합니다.

$24÷\boxed{3}=8(○)$, $24÷\boxed{4}=6(○)$

$24÷\boxed{6}=4(×)$, $24÷\boxed{8}=3(×)$

(2) $16÷8=2$이므로 $18÷□$의 값은 2보다 커야 합니다.

$18÷\boxed{2}=9(○)$, $18÷\boxed{3}=6(○)$

$18÷\boxed{6}=3(○)$, $18÷\boxed{9}=2(×)$

5. (1) ① 36, ② 6, ③ 4,

④ 2, ⑤ 9

(2) ① 32, ② 8, ③ 2,

④ 4, ⑤ 2

풀이 (1) • $②÷2=3$, $②=6$

• $6÷④=3$, $④=2$

• $⑤÷3=3$, $⑤=9$

• $①÷6=②$, $①÷6=6$, $①=36$

• $③÷④=2$, $③÷2=2$, $③=4$

(2) • $①÷8=4$, $①=32$

• $4÷③=2$, $③=2$

• $4÷2=⑤$, $⑤=2$

• $①÷4=②$, $32÷4=②$, $②=8$

• $8÷③=④$, $8÷2=④$, $④=4$

6. $\boxed{1}\boxed{2}÷\boxed{4}=3$

풀이 3의 단 곱셈구구에서 찾을 수 있는 곱을 생각해 보면

$3×4=12 ➡ 12÷4=3$

입니다.

75a

경시 대회 예상 문제

7. (1) −, ÷ (2) ÷, ×

(3) +, ÷ (4) ÷, −

풀이 ○ 안에 +, −, ×, ÷의 기호를 넣어 계산해 봅니다.

8. 4

풀이 어떤 수의 9배를 ★이라고 하면

$★÷6=6$, $★=36$

입니다. 따라서 (어떤 수)$×9=36$에서 (어떤 수)$=4$입니다.

9. 8

풀이 어떤 수를 □라고 하면

$□+9=81$, $□=72$

입니다. 따라서 바르게 계산하면 $72÷9=8$입니다.

10. 4조각

풀이 전체 피자의 조각 수는 $8×3=24$(조각)입니다.

(한 명이 먹을 수 있는 조각 수)

=(전체 피자의 조각 수)÷(사람 수)

$=24÷6$

$=4$(조각)

75b

경시 대회 예상 문제

11. 14개

풀이 도로의 한쪽을 먼저 살펴봅니다. $48÷8=6$이므로 시작점에 설치해야 할 1개를 더하면 한쪽에 필요한 가로등은 $6+1=7$(개)입니다.

따라서 도로의 양쪽에 설치하려면 가로등은 모두 $7×2=14$(개) 필요합니다.

12. 예 • 12에서 3을 4번 묶어 덜어 낼 수 있으므로 $12÷3=4$입니다.

• 12를 3곳으로 똑같게 나누면 한 곳에 4개씩이므로 $12÷3=4$입니다.

• $12-3-3-3-3=0$이므로 $12÷3=4$입니다.

• $3×4=12$이므로 $12÷3=4$입니다.

평가 기준	
상	서로 다른 2가지 방법으로 바르게 설명했다.
하	1가지 방법으로만 바르게 설명했다.

13. [예] 야구공 35개를 야구 선수 7명이 똑같게 나누어 가지려고 합니다. 한 사람이 야구공을 몇 개씩 가질 수 있습니까?

평가 기준	
상	나눗셈식에 알맞은 문제를 만들었다.
하	나눗셈식에 알맞은 문제를 만들었으나 문장이 매끄럽지 못하다.

76a

1. ②

[풀이] 도형을 왼쪽으로 밀면 모양과 크기는 변하지 않습니다.

2. ③

[풀이] 도형을 위쪽으로 밀면 모양과 크기는 변하지 않습니다.

76b

3.

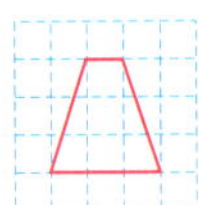

[풀이] 도형을 오른쪽으로 밀면 모양과 크기는 변하지 않습니다.

4.

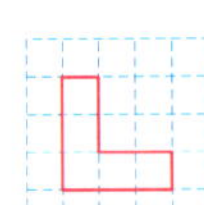

5.

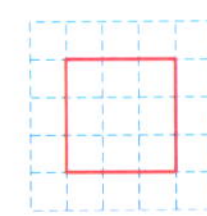

[풀이] 도형을 아래쪽으로 밀면 모양과 크기는 변하지 않습니다.

6.

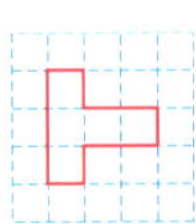

77a

1.

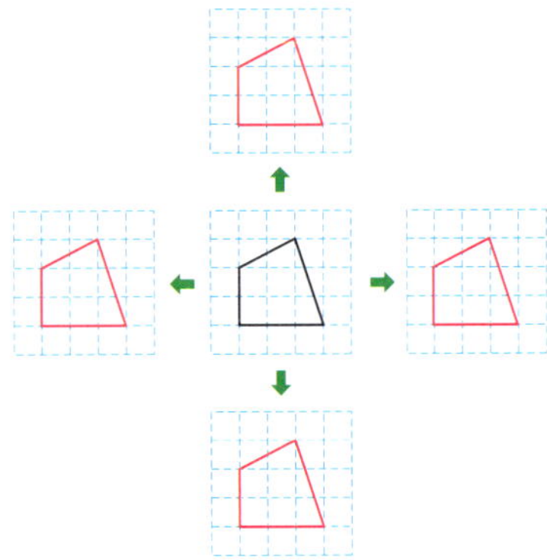

[풀이] 도형을 어느 방향으로 밀어도 도형의 모양과 크기는 변하지 않습니다. 따라서 밀었을 때 생기는 모양을 그릴 때에는 주어진 도형과 똑같게 그리면 됩니다.

2. 아니요

3. 아니요

77b

4.

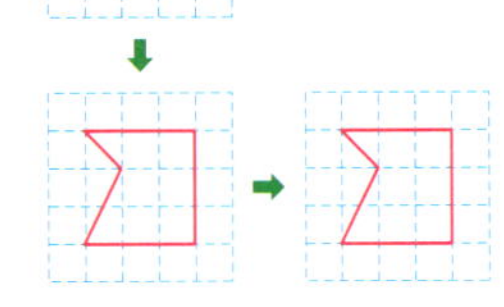

5.

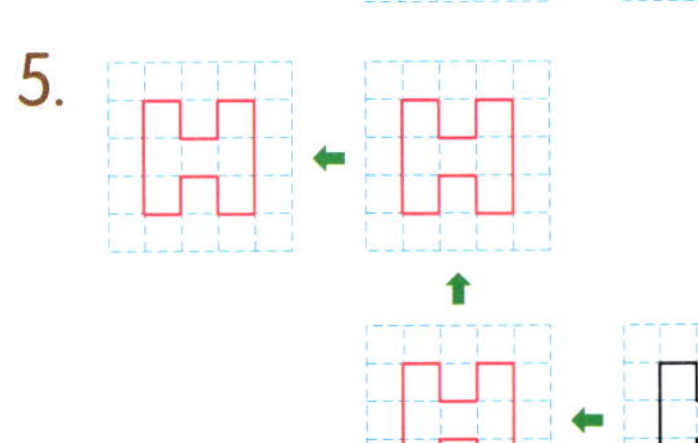

78a

1. ①

[풀이] 도형을 오른쪽으로 뒤집으면 도형의 오른쪽 부분은 왼쪽으로, 왼쪽 부분은 오른쪽으로 바뀝니다.

2. ②

[풀이] 도형을 위쪽으로 뒤집으면 도형의 위쪽 부분은 아래쪽으로, 아래쪽 부분은 위쪽으로 바뀝니다.

산가력수학 G-❷집 해답

78b

3. 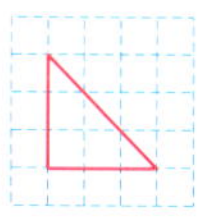
4. 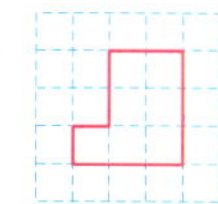

5. 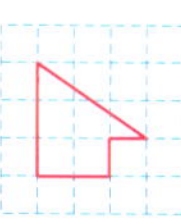
6. 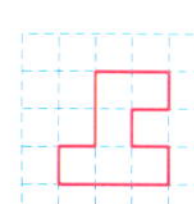

79a 도형을 왼쪽으로 뒤집으면 도형의 오른쪽 부분은 왼쪽으로, 왼쪽 부분은 오른쪽으로 바뀝니다.

1. 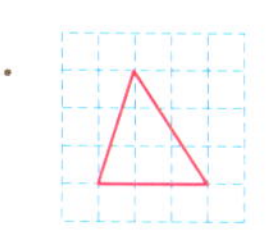
2. 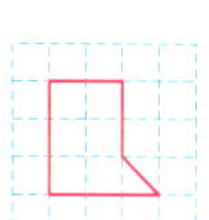

3. 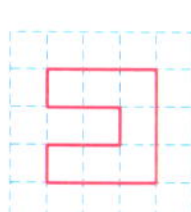
4. 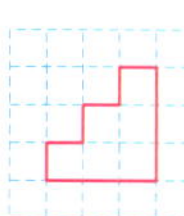

79b

5. 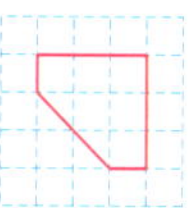
6. 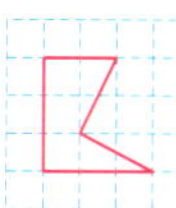

7. 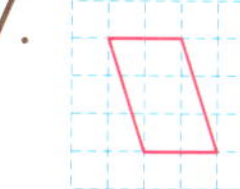
8. 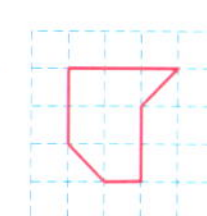

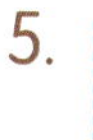 풀이 도형을 아래쪽으로 뒤집으면 도형의 위쪽 부분은 아래쪽으로, 아래쪽 부분은 위쪽으로 바뀝니다.

80a

1. 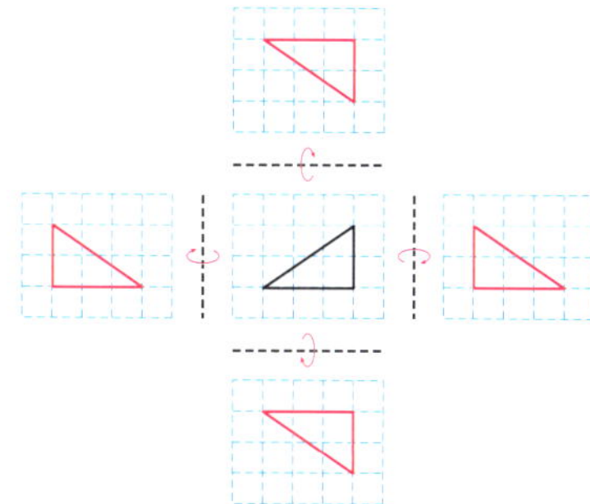

풀이 도형을 위쪽으로 뒤집은 모양과 아래쪽으로 뒤집은 모양은 서로 같습니다. 또, 도형을 왼쪽으로 뒤집은 모양과 오른쪽으로 뒤집은 모양은 서로 같습니다.

2. 예
3. 예

80b

4. 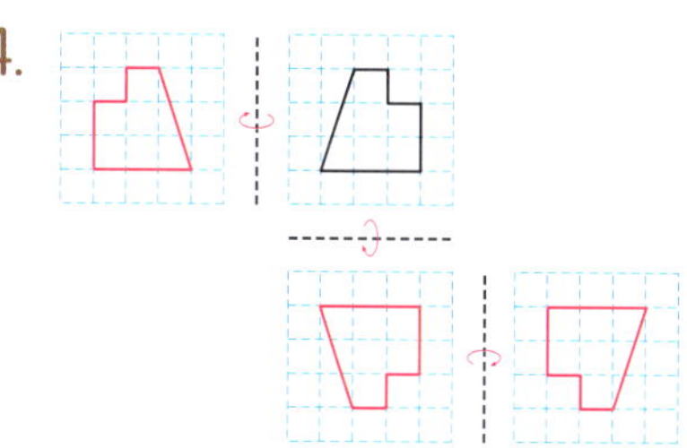

풀이 도형을 연속하여 뒤집었을 때의 모양을 차례로 그려 봅니다.

5. 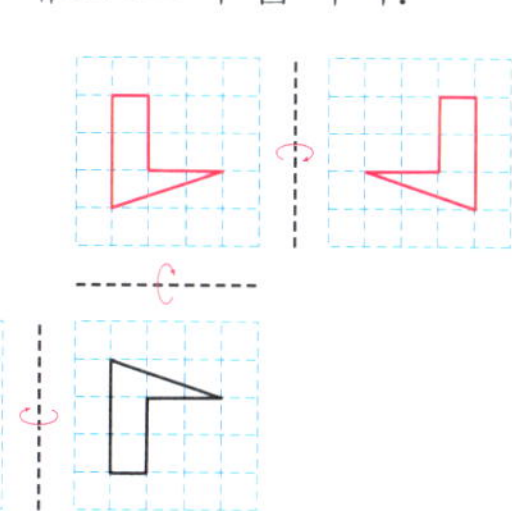

81a

1. ③

풀이 도형을 ⟳ 방향으로 돌리면 도형의 모양은 위쪽 부분이 오른쪽 → 아래쪽 → 왼쪽 → 위쪽으로 바뀝니다.

2. ①

풀이 도형을 ⟲ 방향으로 돌리면 도형의 모양은 위쪽 부분이 왼쪽 → 아래쪽 → 오른쪽 → 위쪽으로 바뀝니다.

81b

3. 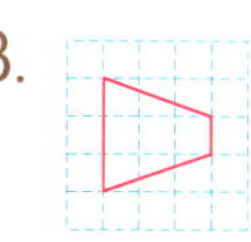
4. 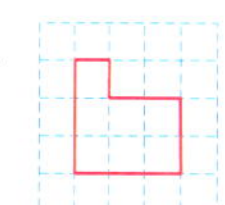

풀이 도형을 ⟳ 방향으로 돌리는 것은 오른쪽으로 직각만큼 돌리는 것입니다.

5. **6.**

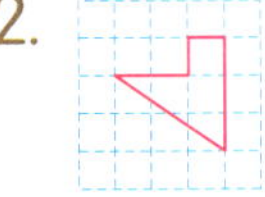 도형을 방향으로 돌리는 것은 왼쪽으로 직각만큼 돌리는 것입니다.

82a **1.** **2.**

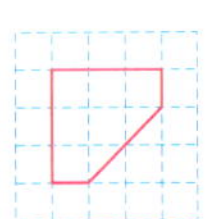 도형을 방향으로 돌리는 것은 오른쪽으로 직각의 2배만큼 돌리는 것입니다.

3. **4.**

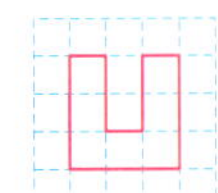 도형을 방향으로 돌리는 것은 왼쪽으로 직각의 2배만큼 돌리는 것입니다.

82b **5.** **6.**

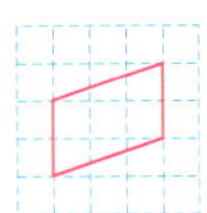 도형을 방향으로 돌렸을 때 생기는 모양은 방향으로 돌렸을 때 생기는 모양과 같습니다.

7. **8.**

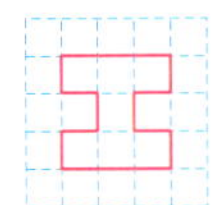 도형을 방향으로 돌렸을 때 생기는 모양은 방향으로 돌렸을 때 생기는 모양과 같습니다.

83a **1.**

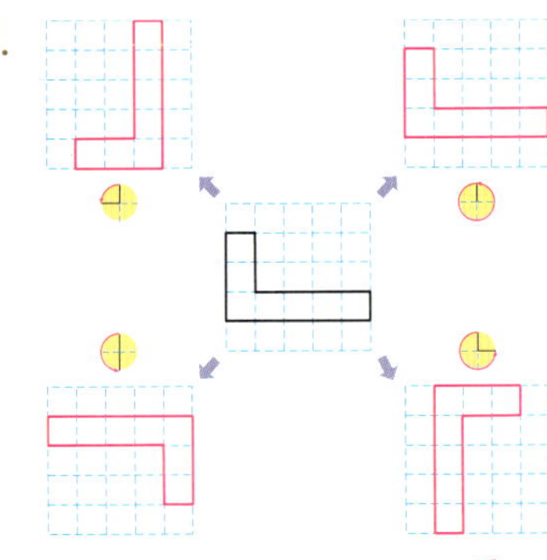

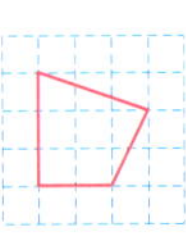 도형을 , , 방향으로 돌린 것은 방향으로 각각 2번, 3번, 4번 돌린 것과 같습니다. 따라서 방향으로 돌렸을 때 생기는 모양은 처음 도형과 같게 나옵니다.

2. 예

3. 예

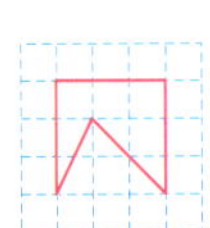 도형을 , 방향으로 돌리면 처음 도형과 모양이 같습니다.

83b **4.**

5.

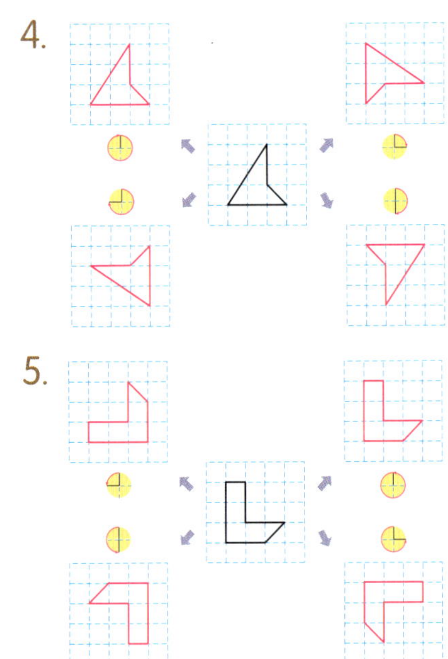

기탄고려수학 G-❷집 해답

84a

1.

풀이 도형을 오른쪽으로 뒤집으면 도형의 오른쪽 부분은 왼쪽으로, 왼쪽 부분은 오른쪽으로 바뀝니다. 그리고 이 모양을 🕐 방향으로 돌리면 도형의 모양은 위쪽 부분이 오른쪽 → 아래쪽 → 왼쪽 → 위쪽으로 바뀝니다.

2.

84b

3.

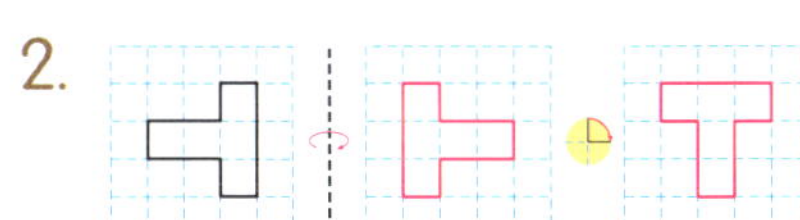

풀이 도형을 오른쪽으로 뒤집으면 왼쪽과 오른쪽이 서로 바뀌고, 이 모양을 🕐 방향으로 돌리면 도형의 모양은 위쪽 부분이 왼쪽 → 아래쪽 → 오른쪽 → 위쪽으로 바뀝니다.

4.

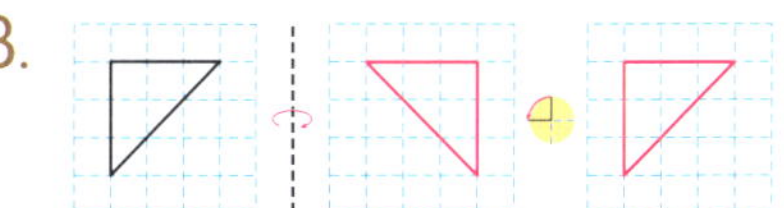

5.

풀이 오른쪽으로 뒤집은 모양은 왼쪽과 오른쪽이 서로 바뀌고, 🕐 방향으로 돌린 모양은 🕐 방향으로 돌린 모양과 같습니다.

6.

85a

1.

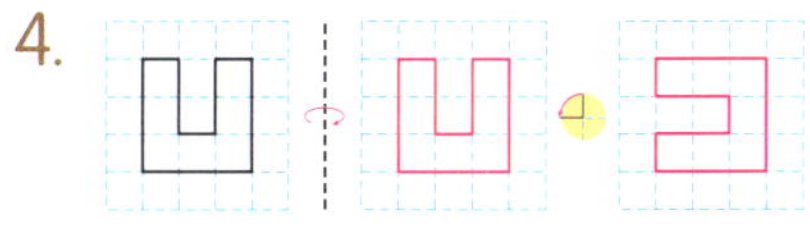

2.

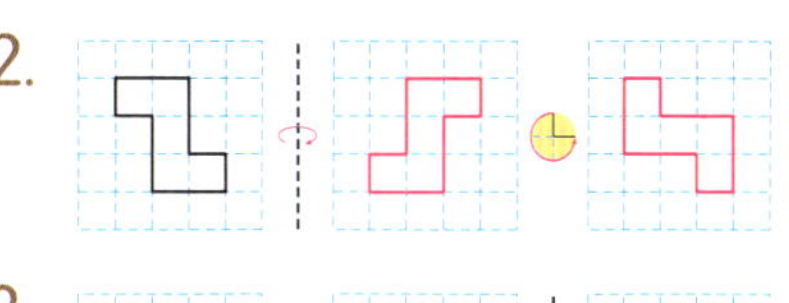

3.

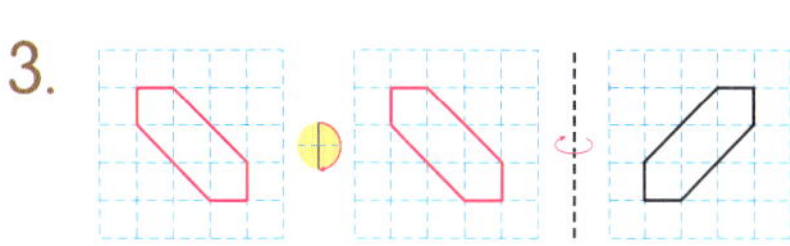

4.

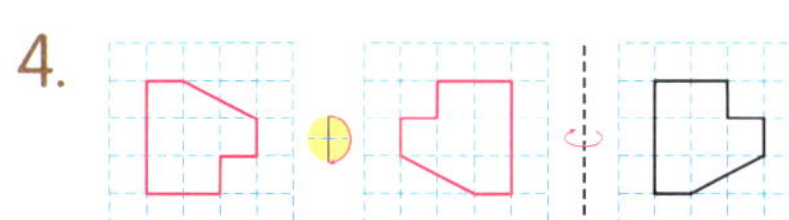

85b

5.

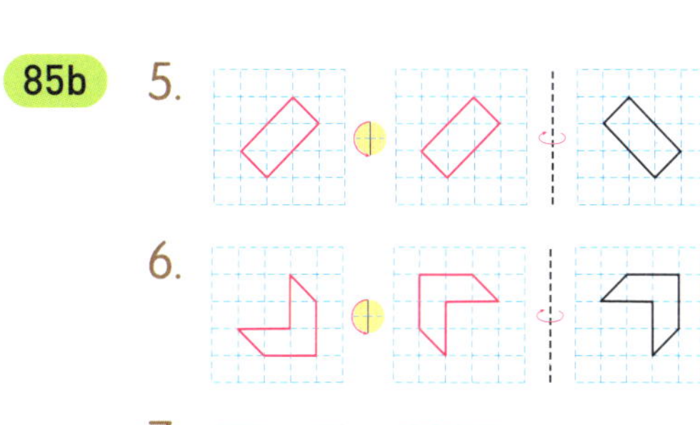

6.

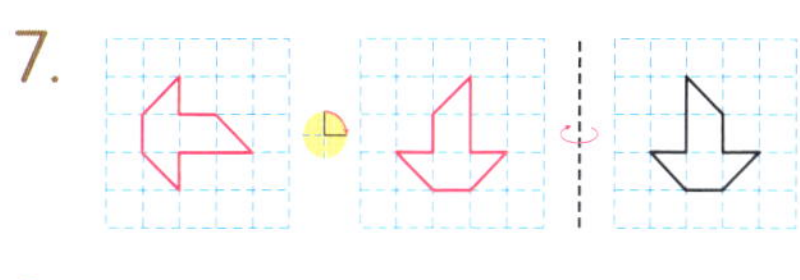

7.

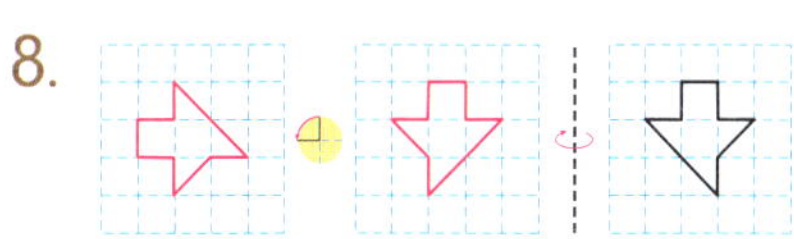

8.

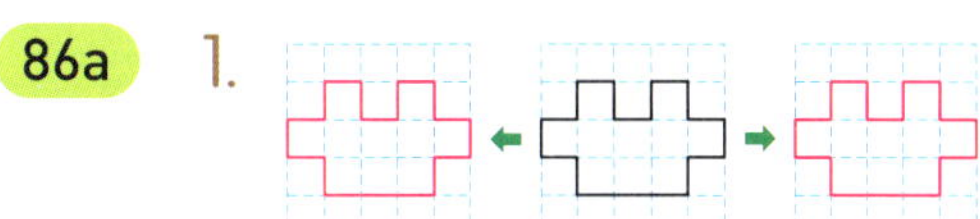

86a

1.

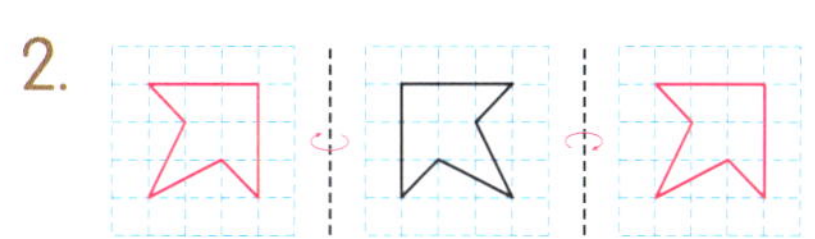

풀이 도형을 어느 방향으로 밀어도 도형의 모양과 크기는 변하지 않습니다.

2.

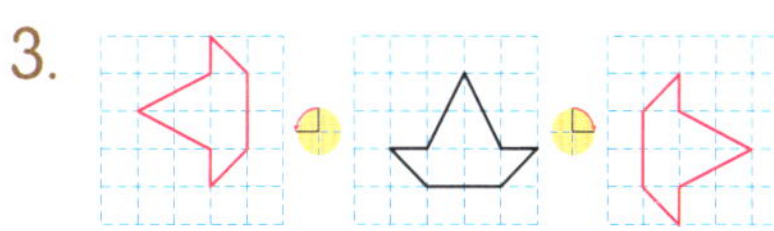

풀이 도형을 왼쪽으로 뒤집은 모양과 오른쪽으로 뒤집은 모양은 서로 같습니다.

3.

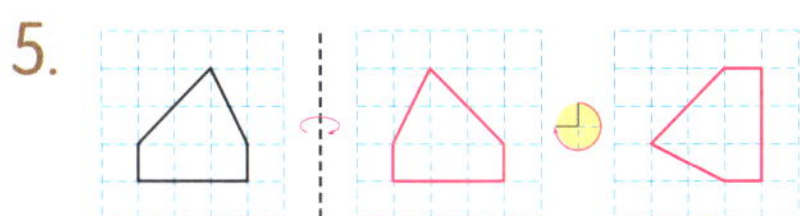
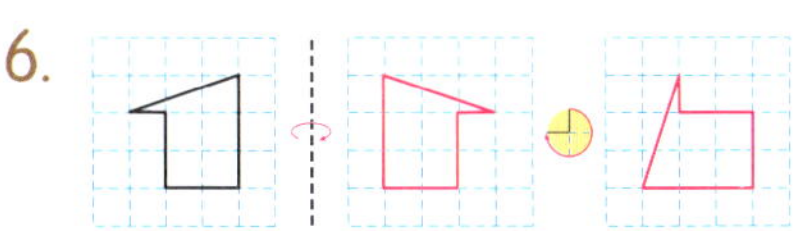
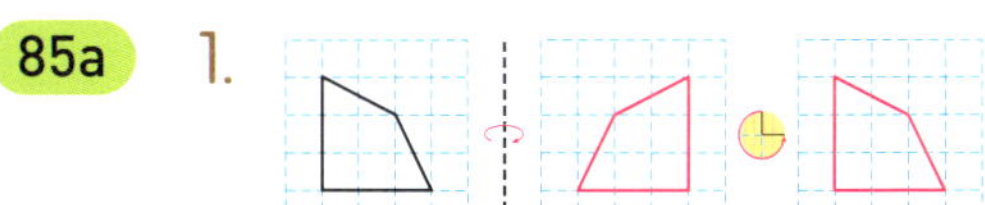

86b

4. ㉡

풀이 도형을 아래쪽으로 밀어도 모양과 크기는 변하지 않습니다.

5. ㉂

풀이 도형을 위쪽으로 뒤집으면 도형의 위쪽 부분은 아래쪽으로, 아래쪽 부분은 위쪽으로 바뀝니다.

6. ㉣

풀이 도형을  방향으로 돌리면 위쪽과 아래쪽, 왼쪽과 오른쪽이 바뀝니다. 따라서 주어진 도형과 위쪽과 아래쪽, 왼쪽과 오른쪽이 반대인 도형을 찾습니다.

7. ㉢

87a

1. 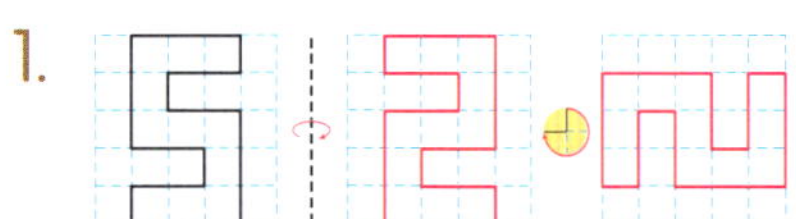

2. 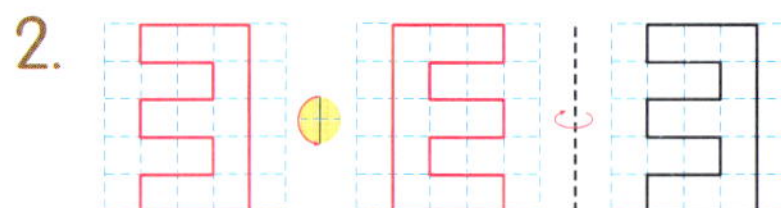

3. 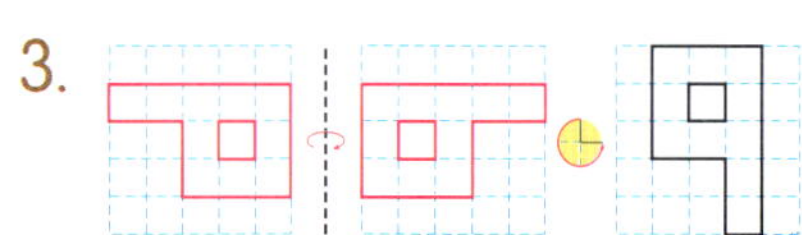

풀이 움직이기 전의 도형을 그리려면 움직인 방법을 거꾸로 생각하면 됩니다. 따라서 오른쪽 그림을 방향으로 돌리고, 다시 왼쪽으로 뒤집으면 됩니다.

87b

4. 인

풀이 도장을 찍으면 옆으로 뒤집은 모양이 생깁니다.

5. ②, ③, ④

풀이 화살표 끝이 가리키는 곳이 같으면 돌린 모양도 같습니다.

6. 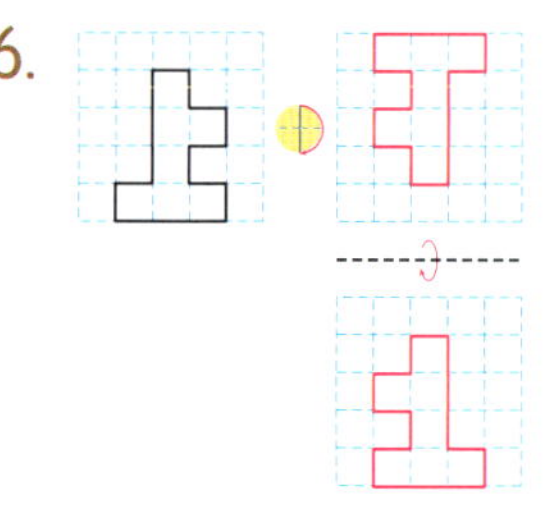

88a 예

창의력 학습

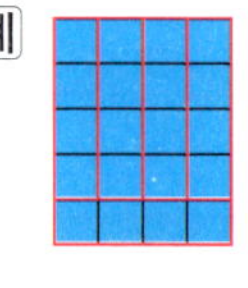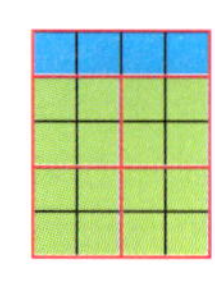
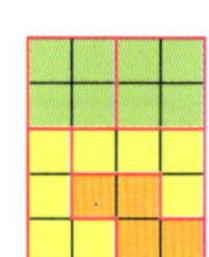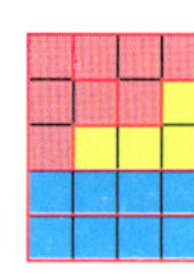

88b

창의력 학습

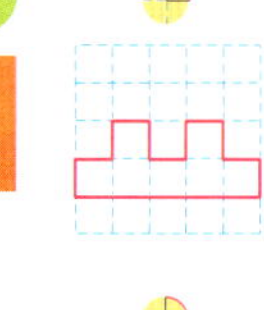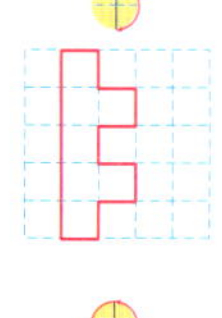

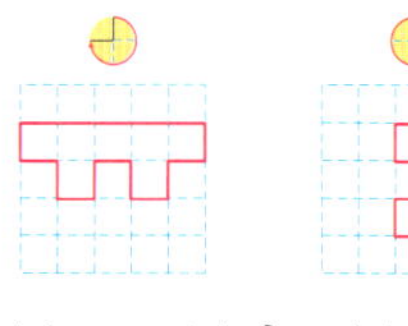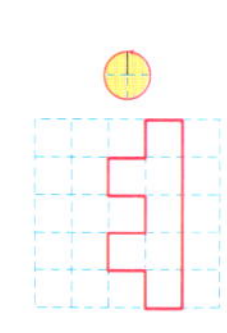

(1) ㅛ (2) ㅑ (3) ㅠ

89a

경시 대회 예상 문제

1. 기탄

2. 

풀이 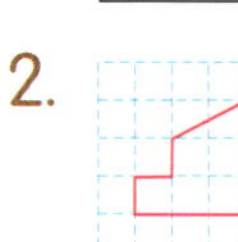

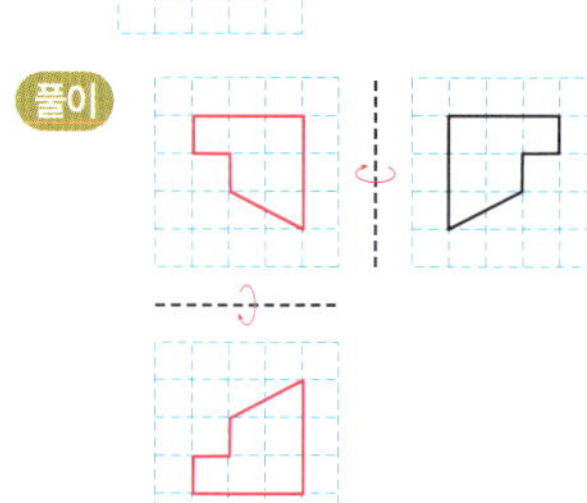

3. 1시 30분

[풀이] 12시에서 긴바늘을 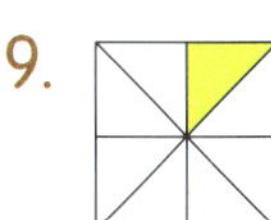 방향으로 1번 돌리면 12시 45분이고, 12시 45분에서 긴바늘을 방향으로 1번 더 돌리면 1시 30분입니다.

4. ④

[풀이] 주어진 도형을 위쪽으로 뒤집으면 E 모양으로, 주어진 도형과 모양이 같습니다. 따라서 방향으로 돌려야 주어진 도형과 모양이 같게 됩니다.

89b
경시 대회 예상 문제

5. 201

[풀이] 608을 오른쪽으로 직각의 2배만큼 돌리면 809가 됩니다. 따라서 두 수의 차는 809-608=201입니다.

6. 

[풀이] 방향과 방향으로 돌린 모양은 같습니다.

7. 글자의 위쪽 부분이 왼쪽 → 아래쪽 → 오른쪽 → □로 바뀌었으므로 방향으로 돌리는 규칙입니다.

[답] 곰

평가 기준

상	규칙을 찾아 설명하고 알맞은 모양을 그렸다.
하	규칙을 찾아 설명을 하거나 알맞은 모양을 그렸다.

90a
경시 대회 예상 문제

8.

[풀이] 오른쪽으로 2번 뒤집은 모양은 처음 모양과 같고, 방향으로 연속 2번 돌린 모양은 방향으로 돌린 모양과 같습니다.

9.

[풀이] 방향으로 돌린 모양과 방향으로 돌린 모양은 같으므로, 방향으로 연속 3번 돌린 모양은 방향으로 1번 돌린 모양과 같습니다. 또한, 위쪽으로 3번 뒤집은 모양은 위쪽으로 1번 뒤집은 모양과 같습니다.

10. [예]
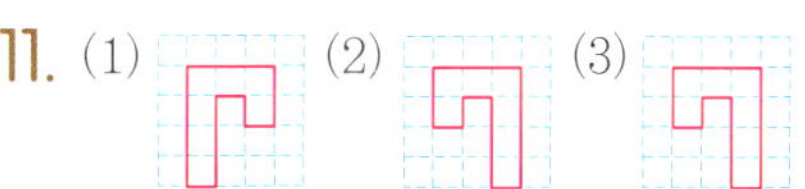
• 방향으로 돌린 후에 아래쪽으로 뒤집었습니다.
• 오른쪽으로 뒤집은 후에 방향으로 돌렸습니다.

평가 기준

상	2가지 방법으로 모두 바르게 설명했다.
하	1가지 방법으로만 바르게 설명했다.

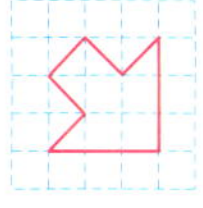
90b
경시 대회 예상 문제

11. (1) (2) (3)

[풀이] (1) 방향으로 5번 돌린 것과 방향으로 1번 돌린 것의 모양은 같습니다. 따라서 거꾸로 생각하여 ㉣의 도형을 방향으로 1번 돌린 모양을 그립니다.
(2) 왼쪽으로 3번 뒤집은 것과 왼쪽으로 1번 뒤집은 것의 모양은 같습니다. 따라서 거꾸로 생각하여 ㉢에 그린 모양을 오른쪽으로 1번 뒤집은 모양을 그립니다.

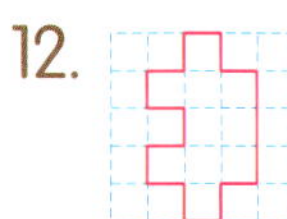

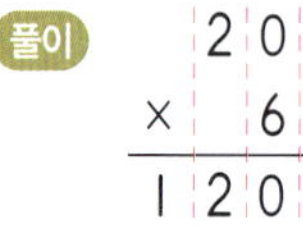

(3) 도형을 밀면 모양과 크기에는 변화가 없으므로 ㉡에 그린 모양을 그대로 그리면 됩니다.

12.

풀이 ◐ 방향으로 돌린 모양과 ◑ 방향으로 돌린 모양은 같으므로, ◐ 방향으로 연속 7번 돌린 모양은 ◐ 방향으로 1번 돌린 모양과 같습니다. 또, 아래쪽으로 5번 뒤집은 모양은 아래쪽으로 1번 뒤집은 모양과 같습니다. 따라서 뒤에서부터 거꾸로 생각해 보면 아래쪽으로 밀고, ◐ 방향으로 돌리고, 위쪽으로 1번 뒤집으면 됩니다.

91a

1. 90
2. 3, 9
3. 90
4. 90, 90

91b (몇십)×(몇)의 계산은 (몇)×(몇)의 곱 뒤에 0을 붙여 줍니다.

5. 70
풀이 $10 \times 7 = 70$
$1 \times 7 = 7$

6. 160
풀이 $80 \times 2 = 160$
$8 \times 2 = 16$

7. 540
8. 160
9. 400
10. 140
11. 60
12. 350
13. 360
14. 180

92a

1. 120
풀이
$$\begin{array}{r} 2\,0 \\ \times\ \ 6 \\ \hline 1\,2\,0 \end{array}$$

• 일의 자리에 0을 씁니다.
• 2×6을 구하여 십의 자리에 2를 쓰고, 백의 자리에 1을 씁니다.

2. 360
풀이
$$\begin{array}{r} 9\,0 \\ \times\ \ 4 \\ \hline 3\,6\,0 \end{array}$$

• 일의 자리에 0을 씁니다.
• 9×4를 구하여 십의 자리에 6을 쓰고, 백의 자리에 3을 씁니다.

3. 100
4. 270
5. 320
6. 420
7. 210
8. 400

92b

9. (1) 40×2　(2) 60×5
   (3) 30×6　(4) 80×7

10. 60, 360
풀이 $20 \times 3 = 60$, $60 \times 6 = 360$

11. [식] $10 \times 8 = 80$　[답] 80개
풀이 (한 통에 들어 있는 껌의 수)
×(통 수)=(전체 껌의 수)

12. [식] $20 \times 9 = 180$　[답] 180명
풀이 (한 줄에 서 있는 학생 수)
×(줄 수)=(전체 학생 수)

93a

1. 86
2. 6
3. 2, 8
4. 86, 86

93b (두 자리 수)×(한 자리 수)의 계산은 (십의 자리 수)×(한 자리 수)와 (일의 자리 수)×(한 자리 수)의 합으로 구합니다.

5. 22

[풀이]
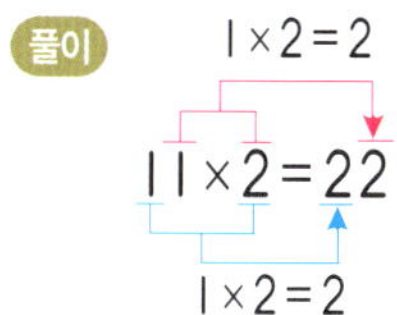

6. 93

[풀이]

7. 84	**8.** 26
9. 68	**10.** 66
11. 82	**12.** 39
13. 66	**14.** 46

94a (두 자리 수)×(한 자리 수)를 세로셈으로 계산할 때에는 두 자리 수의 일의 자리 수와 한 자리 수의 곱을 일의 자리에 쓰고, 두 자리 수의 십의 자리 수와 한 자리 수의 곱을 십의 자리에 씁니다.

1. 28

[풀이]
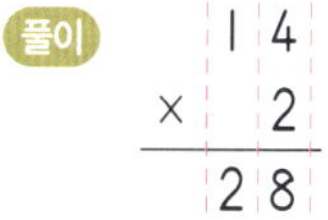

- 4×2를 구하여 일의 자리에 8을 씁니다.
- 1×2를 구하여 십의 자리에 2를 씁니다.

2. 42

[풀이]
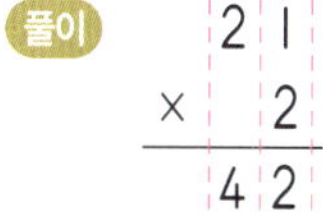

- 1×2를 구하여 일의 자리에 2를 씁니다.
- 2×2를 구하여 십의 자리에 4를 씁니다.

3. 69	**4.** 88
5. 64	**6.** 36

7. 88	**8.** 84

94b **9.** (1) 40, 8, 48 (2) 90, 6, 96

[풀이] 곱해지는 수를 십의 자리 수와 일의 자리 수로 나누어 계산한 다음 곱을 더합니다.

10. 33, 99

[풀이] $11 \times 3 = 33$, $33 \times 3 = 99$

11. [식] $12 \times 4 = 48$ [답] 48자루

[풀이] (한 타의 연필 수)×(타 수)
= (전체 연필 수)

12. [식] $11 \times 9 = 99$ [답] 99명

[풀이] (한 팀의 선수 수)×(팀 수)
= (전체 선수 수)

95a

1. 129	**2.** 9
3. 3, 12	**4.** 129, 129

95b **5.** 124

[풀이]
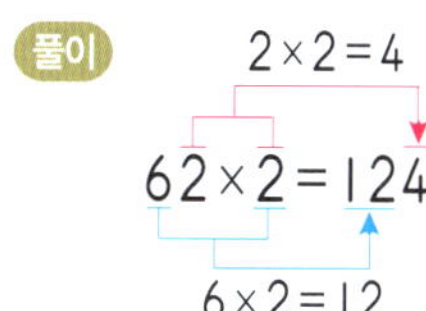

6. 168

[풀이]
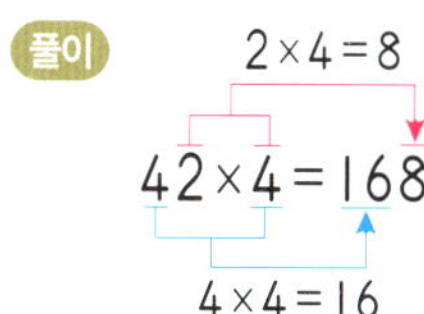

7. 219	**8.** 182
9. 155	**10.** 328
11. 168	**12.** 153
13. 364	**14.** 128

96a 십의 자리 계산에서 올림이 있으므로 백의 자리 수로 나타냅니다.

1. 249

풀이

$$\begin{array}{r} 8\ 3 \\ \times\quad 3 \\ \hline 2\ 4\ 9 \end{array}$$

- 3×3을 구하여 일의 자리에 9를 씁니다.
- 8×3을 구하여 십의 자리에 4를 쓰고, 백의 자리에 2를 씁니다.

2. 102

풀이

$$\begin{array}{r} 5\ 1 \\ \times\quad 2 \\ \hline 1\ 0\ 2 \end{array}$$

- 1×2를 구하여 일의 자리에 2를 씁니다.
- 5×2를 구하여 십의 자리에 0을 쓰고, 백의 자리에 1을 씁니다.

3. 124   **4.** 126

5. 146   **6.** 189

7. 248   **8.** 184

96b

9. (1) 200, 8, 208
(2) 120, 6, 126

풀이 (1) 52를 50과 2로 나눈 후 각각에 4를 곱한 다음 두 곱을 더합니다.
(2) 63을 60과 3으로 나눈 후 각각에 2를 곱한 다음 두 곱을 더합니다.

10. 31, 6, 186

풀이 31씩 6번 뛰는 그림입니다.

11. [식] $21 \times 7 = 147$ [답] 147쪽

풀이 (하루에 읽는 쪽수) × (읽는 날수)
= (읽는 전체 쪽수)

12. [식] $82 \times 3 = 246$ [답] 246쪽

풀이 (한 권의 쪽수) × (권수)
= (전체 쪽수)

97a

1. 78

2. 18

3. 3, 6

4. 78, 78

97b 일의 자리 계산에서 올림한 수를 십의 자리 아래에 작게 쓰고, 십의 자리 계산에 더해 줍니다.

5. 92

풀이

$$\begin{array}{r} 4\ 6 \\ \times\ 1\ 2 \\ \hline 9\ 2 \end{array}$$

- 6×2를 구하여 일의 자리에 2를 쓰고, 올림한 숫자 1은 십의 자리 아래에 작은 숫자로 씁니다.
- 4×2를 구한 후, 올림한 수 1을 더하여 9를 십의 자리에 씁니다.

6. 98

풀이

$$\begin{array}{r} 1\ 4 \\ \times\ 2\ 7 \\ \hline 9\ 8 \end{array}$$

- 4×7을 구하여 일의 자리에 8을 쓰고, 올림한 숫자 2는 십의 자리 아래에 작은 숫자로 씁니다.
- 1×7을 구한 후, 올림한 수 2를 더하여 9를 십의 자리에 씁니다.

7. 60   **8.** 84

9. 70   **10.** 95

11. 68   **12.** 36

98a

1. 90

풀이 $15 \times 6 \begin{cases} 10 \times 6 = 60 \\ 5 \times 6 = 30 \end{cases} 90$

2. 84

풀이 $12 \times 7 \begin{cases} 10 \times 7 = 70 \\ 2 \times 7 = 14 \end{cases} 84$

3. 56   **4.** 48

5. 65   **6.** 78

7. 92   **8.** 90

9. 81   **10.** 96

98b

11. (1) 40, 18, 58
(2) 60, 18, 78

풀이 (1) 29를 20과 9로 나눈 후 각각에 2를 곱한 다음 두 곱을 더합니다.
(2) 13을 10과 3으로 나눈 후 각각에 6을 곱한 다음 두 곱을 더합니다.

12. (1) ① 45, ② 34, ③ 30, ④ 51
(2) ① 72, ② 76, ③ 96, ④ 57

풀이 (1) ① $15 \times 3 = 45$
② $2 \times 17 = 17 \times 2 = 34$
③ $15 \times 2 = 30$
④ $3 \times 17 = 17 \times 3 = 51$
(2) ① $24 \times 3 = 72$
② $4 \times 19 = 19 \times 4 = 76$
③ $24 \times 4 = 96$
④ $3 \times 19 = 19 \times 3 = 57$

13. [식] $25 \times 3 = 75$ [답] 75명
풀이 (버스 한 대의 정원)×(버스 수)
=(탈 수 있는 인원 수)

99a

1. 270 **2.** 24
3. 357 **4.** 75
5. 288

풀이
$$\begin{array}{r} 3\,6 \\ \times\ 4\,8 \\ \hline 2\,8\,8 \end{array}$$

• 6×8을 구하여 일의 자리에 8을 쓰고, 올림한 숫자 4는 십의 자리 아래에 작은 숫자로 씁니다.
• 3×8을 구한 후, 올림한 수 4를 더하여 8을 십의 자리에 쓰고 2를 백의 자리에 씁니다.

6. 104

풀이
$$\begin{array}{r} 2\,6 \\ \times\ 2\,4 \\ \hline 1\,0\,4 \end{array}$$

• 6×4를 구하여 일의 자리에 4를 쓰고, 올림한 숫자 2는 십의 자리 아래에 작은 숫자로 씁니다.
• 2×4를 구한 후, 올림한 수 2를 더하여 0을 십의 자리에 쓰고 1을 백의 자리에 씁니다.

7. 170 **8.** 108

99b

9. 546 **10.** 94
11. 77 **12.** 498
13. 261 **14.** 240
15. 186 **16.** 112

100a

1. 128 **2.** 235
3. 432 **4.** 63
5. 72 **6.** 200
7. 204 **8.** 166
9. 52 **10.** 388

100b

11. 117 **12.** 480
13. 91 **14.** 455
15. 434 **16.** 657
17. 88 **18.** 159
19. 120 **20.** 64

101a

1. 2

풀이 $30 \times 4 = 120$이므로
$60 \times \square = 120$을 만족하는 $\square$를 구합니다.

$$60 \times \square = 120 \implies \square = 2$$
$$6 \times \square = 12$$

2. $14 \times 5 = 70$

[풀이] 한 묶음의 수를 세어 보면 십 모형 1개, 낱개 모형 4개로 14입니다. 14가 5묶음 놓여 있으므로 $14 \times 5 = 70$입니다.

3. 108

[풀이] $92 \times 3 = 276$, $28 \times 6 = 168$
➡ $276 - 168 = 108$

4. (1) > (2) < (3) < (4) =

[풀이] (1) $17 \times 9 = 153$, $50 \times 3 = 150$
➡ $17 \times 9 \gt 50 \times 3$
(2) $33 \times 2 = 66$, $18 \times 4 = 72$
➡ $33 \times 2 \lt 18 \times 4$
(3) $61 \times 7 = 427$, $86 \times 5 = 430$
➡ $61 \times 7 \lt 86 \times 5$
(4) $74 \times 3 = 222$, $37 \times 6 = 222$
➡ $74 \times 3 = 37 \times 6$

101b

5. 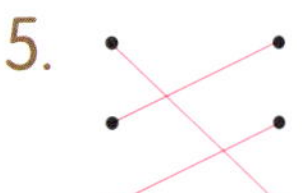

[풀이] 각각의 곱을 먼저 구하고, 곱이 같은 것을 찾아 선으로 잇습니다.
$20 \times 8 = 160$ · · $48 \times 6 = 288$
$72 \times 4 = 288$ · · $42 \times 2 = 84$
$14 \times 6 = 84$ · · $32 \times 5 = 160$

6. ㄷ, ㄹ, ㄴ, ㄱ

[풀이] ㉠ $31 \times 2 = 62$
㉡ $17 \times 5 = 85$
㉢ $72 \times 3 = 216$
㉣ $28 \times 4 = 112$

7. (1) 44, 56, 268
(2) 350, 567, 343

[풀이] (1) $11 \times 4 = 44$, $14 \times 4 = 56$
$67 \times 4 = 268$
(2) $50 \times 7 = 350$, $81 \times 7 = 567$
$49 \times 7 = 343$

102a

1. [식] $40 \times 5 = 200$ [답] 200개

[풀이] (한 상자에 들어 있는 귤 수)
×(상자 수)=(전체 귤 수)

2. [식] $22 \times 2 = 44$ [답] 44그루

[풀이] (한 반에서 심은 나무 수)
×(반 수)=(전체 나무 수)

3. [식] $21 \times 6 = 126$ [답] 126권

[풀이] (한 칸에 꽂혀 있는 동화책 수)
×(칸 수)=(전체 동화책 수)

4. [식] $16 \times 6 = 96$ [답] 96개

[풀이] (한 층을 만드는 데 필요한 쌓기나무 수)×(층수)
=(필요한 전체 쌓기나무 수)

102b

5. 200명

[풀이] • 의자에 앉아 있는 사람 수
$5 \times 38 = 38 \times 5 = 190$(명)
• 서 있는 사람 수 : 10명
• (강당에 있는 사람 수)=$190 + 10$
$= 200$(명)

6. 12권

[풀이] • 동화책 수 : $36 \times 4 = 144$(권)
• 위인전 수 : $52 \times 3 = 156$(권)
• 차 : $156 - 144 = 12$(권)

7. 92개

[풀이] • 두발자전거의 바퀴 수
$2 \times 19 = 19 \times 2 = 38$(개)
• 세발자전거의 바퀴 수
$3 \times 18 = 18 \times 3 = 54$(개)
• 전체 자전거의 바퀴 수
$38 + 54 = 92$(개)

8. 60개

[풀이] • 어머니께서 사 오신 과자 수
$30 \times 7 = 210$(개)
• 나누어 드린 과자 수
$25 \times 6 = 150$(개)
• 남은 과자 수
$210 - 150 = 60$(개)

103a

호랑이

풀이 돌고래 : $70 \times 4 = 280$

호랑이 : $72 \times 8 = 576$

토끼 : $9 \times 45 = 45 \times 9 = 405$

개 : $41 \times 3 = 123,\ 25 \times 2 = 50$

➡ $123 + 50 = 173$

거북 : $60 \times 9 = 540$

독수리 : $11 \times 5 = 55$

103b

$120,\ 287,\ 258,\ 522$

104a

1. 5, 6

풀이 $40 \times 6 = 240,\ 39 \times 8 = 312$이므로 $51 \times \square$가 240보다 크고 312보다 작은 경우를 찾습니다.

$51 \times 4 = 204,\ 51 \times 5 = 255$

$51 \times 6 = 306,\ 51 \times 7 = 357$

따라서 $\square$ 안에 들어갈 수 있는 수는 5, 6입니다.

2. (1) 52, 5　(2) 3, 174

풀이 (1) • $13 \times 4 = 52$

• $52 \times \square = 260$에서 일의 자리 곱인 $2 \times \square$의 일의 자리 숫자가 0이므로 $\square$는 5입니다.

(2) • $29 \times \square = 87$에서 일의 자리 곱인 $9 \times \square$의 일의 자리 숫자가 7이므로 $\square$는 3입니다.

• $87 \times 2 = 174$

3.

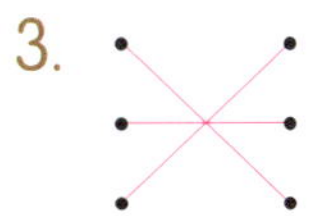

풀이 • $\square 0 \times 4 = 320$ ➡ $\square = 8$

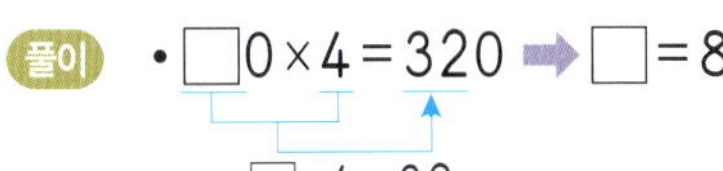

$\square \times 4 = 32$

• $3\square \times 9 = 279$에서 일의 자리 곱인 $\square \times 9$의 일의 자리 숫자가 9이므로 $\square$는 1입니다.

• $\square 6 \times 3 = 138$에서 일의 자리 곱이 $6 \times 3 = 18$이므로 올림이 있습니다. 따라서 $\square \times 3 = 12$를 만족하는 $\square$는 4입니다.

104b

4. (1)
$$\begin{array}{r} 7\ 4 \\ \times\ \ \boxed{2} \\ \hline \boxed{1}\ 4\ 8 \end{array}$$

(2)
$$\begin{array}{r} 1\ 8 \\ \times\ \ \boxed{5} \\ \hline \boxed{9}\ 0 \end{array}$$

(3)
$$\begin{array}{r} 6\ \boxed{9} \\ \times\ \ 6 \\ \hline 4\ \boxed{1}\ 4 \end{array}$$

(4)
$$\begin{array}{r} \boxed{6}\ 4 \\ \times\ \ \boxed{8} \\ \hline 5\ 1\ 2 \end{array}$$

풀이 (1)
$$\begin{array}{r} 7\ 4 \\ \times\ \ ㉠ \\ \hline ㉡\ 4\ 8 \end{array}$$

$4 \times ㉠$의 일의 자리 숫자가 8인 경우를 찾아보면 2 또는 7입니다.

• $㉠ = 2$일 때 : $74 \times 2 = 148$이므로 $㉡ = 1$입니다.

• $㉠ = 7$일 때 : $74 \times 7 = 518$이므로 십의 자리 숫자가 1이 되어 조건에 맞지 않습니다.

(4)
$$\begin{array}{r} ㉡\ 4 \\ \times\ \ ㉠ \\ \hline 5\ 1\ 2 \end{array}$$

$4 \times ㉠$의 일의 자리 숫자가 2인 경우를 찾아보면 3 또는 8입니다.

• $㉠ = 3$일 때 : $㉡ \times 3 + 1 = 51$, $㉡ \times 3 = 50$을 만족하는 $㉡$은 없습니다.

• $㉠ = 8$일 때 : $㉡ \times 8 + 3 = 51$, $㉡ \times 8 = 48$, $㉡ = 6$

5. (1) ① 142, ② 5, ③ 80, ④ 32

(2) ① 15, ② 324, ③ 90, ④ 378

풀이 (1) ① $71 \times 2 = 142$

② $71 \times ② = 355$에서 일의 자리 곱인 $1 \times ②$의 일의 자리 숫자가 5이므로 ②는 5입니다.

③ ②×16=5×16=80
④ 2×16=32

(2) ① ⑤×7=105에서 ⑤은 두 자리 수이므로 ㉠㉡으로 나타내어 생각해 봅니다.

$$\begin{array}{r} ㉠㉡ \\ \times\ \ \ 7 \\ \hline 1\ 0\ 5 \end{array}$$

곱의 일의 자리 숫자가 5이므로 ㉡=5, 5×7=35이므로 ㉠=1입니다. 따라서 ⑤=15입니다.
② 6×54=324
③ ⑤×6=15×6=90
④ 7×54=378

6. 324

풀이 어떤 수를 □라고 하면 □+9=45, 45−9=□, □=36입니다. 따라서 바르게 계산하면 36×9=324입니다.

105a
경시 대회 예상 문제

7. 344

풀이 45★41=(45+41)×(45−41)
　　　　=86×4
　　　　=344

8. 6

풀이 한 자리 수 중 같은 수끼리 곱하여 일의 자리 숫자가 6이 되는 경우는 4×4=16, 6×6=36입니다. 44×4=176, 66×6=396이므로 ㉠=6입니다.

9. 예 • 38+38+38+38=152
　　• 30+30+30+30+8+8+8+8=152

평가 기준	
상	2가지 방법으로 모두 바르게 설명했다.
하	1가지 방법으로만 바르게 설명했다.

105b
경시 대회 예상 문제

10. (1)
$$\begin{array}{r} 6\ 5 \\ \times\ \ \ 9 \\ \hline (5\ 8\ 5) \end{array}$$
(2)
$$\begin{array}{r} 5\ 6 \\ \times\ \ \ 3 \\ \hline (1\ 6\ 8) \end{array}$$

풀이 (1) 곱이 가장 큰 곱셈을 만들려면 첫째로 큰 수를 곱하는 수에 놓고, 둘째로 큰 수를 곱해지는 수의 십의 자리에 놓고, 셋째로 큰 수를 곱해지는 수의 일의 자리에 놓습니다. 따라서 곱이 가장 큰 곱셈을 만들면 65×9이고, 이것을 계산하면 65×9=585입니다.

(2) 곱이 가장 작은 곱셈을 만들려면 첫째로 작은 수를 곱하는 수에 놓고, 둘째로 작은 수를 곱해지는 수의 십의 자리에 놓고, 셋째로 작은 수를 곱해지는 수의 일의 자리에 놓습니다. 따라서 곱이 가장 작은 곱셈을 만들면 56×3이고, 이것을 계산하면 56×3=168입니다.

11. 전봇대 9개를 15 m 간격으로 세웠으므로, 첫 번째 세운 전봇대와 마지막에 세운 전봇대는 8칸 차이가 납니다. 따라서 거리는 15×8=120 (m)입니다.
[답] 120 m

평가 기준	
상	첫 번째 전봇대와 마지막 전봇대 사이의 간격의 수를 알고, 풀이 과정을 써서 답을 구했다.
하	첫 번째 전봇대와 마지막 전봇대 사이의 간격의 수는 알고 있으나 계산을 잘못하여 답이 틀렸다.

106a
1. (1) 예
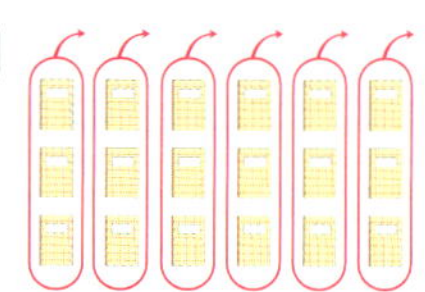
(2) [식] 18÷3=6　　[답] 6명

풀이 공책 18권을 3권씩 묶어서 6번 덜어 내면 0이 되므로, 18÷3=6(명)에게 나누어 줄 수 있습니다.

2. (1)

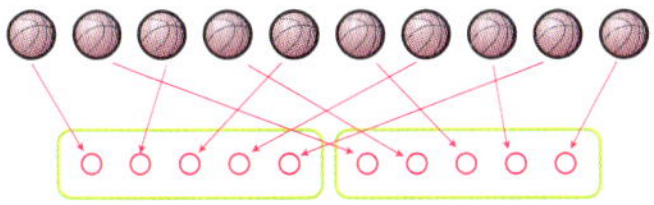

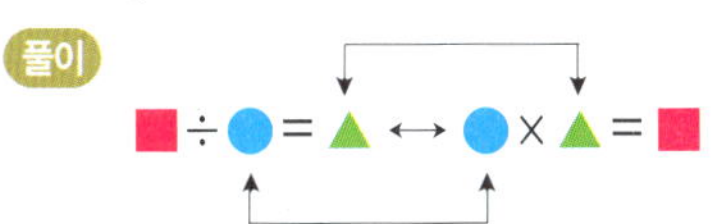

(2) [식] 10÷2=5 [답] 5개

풀이 농구공 10개를 2곳으로 똑같게 나누면 한 곳에 5개씩이므로, 한 바구니에 농구공을 10÷2=5(개)씩 넣으면 됩니다.

106b

3. (1) 9, 횟수 (2) 9, 횟수
(3) 9, 개수

4. (35, 5, 7), (35, 7, 5)

5. (8, 7, 56), (7, 8, 56)

107a

1. 예

, 3

풀이 도넛 12개에서 4개씩 묶어서 덜어 내는 횟수를 구하면 3번이므로 12÷4=3입니다.

2. (4, 4, 4), 3

풀이 12에서 0이 될 때까지 4를 빼는 횟수를 구하면 3번이므로 12÷4=3입니다.

3.

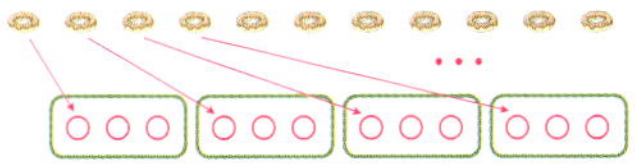

, 3

풀이 도넛 12개를 4곳으로 똑같게 나누어 한 곳에 놓이는 개수를 구하면 3개씩이므로 12÷4=3입니다.

4. 3, 3

풀이

■÷●=▲ ↔ ●×▲=■

107b 곱셈과 나눗셈의 관계를 이용하여 나눗셈의 몫을 구합니다.

5. 6

풀이 4×6=24 ↔ 24÷4=6

6. 2

풀이 9×2=18 ↔ 18÷9=2

7. 9 8. 7

9. 5 10. 7

11. 9 12. 4

13. 8 14. 3

108a

1. 7

풀이 6×7=42 ↔ 42÷6=7

$\leftrightarrow \begin{array}{r} 7 \\ 6\overline{)42} \end{array}$

2. 9

풀이 2×9=18 ↔ 18÷2=9

$\leftrightarrow \begin{array}{r} 9 \\ 2\overline{)18} \end{array}$

3. 8 4. 2

5. 5 6. 4

7. 6 8. 9

9. 7 10. 3

108b

11. [식] 48÷6=8 [답] 8팀

12. [식] 21÷7=3 [답] 3개

13. [식] 25÷5=5 [답] 5개

14. [식] 36÷9=4 [답] 4대

109a

1. (1) 예

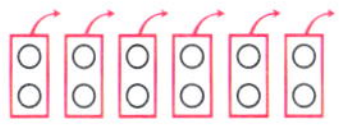

(2) 12−2−2−2−2−2−2=0

(3) 예 사과 12개를 학생 한 명에게 2개씩 주면 6명에게 줄 수 있습니다.

2. (1) 예 ○○○○○○○○○○ ...
    |○○|○○|○○|○○|○○|

(2) 예 사탕 10개를 5사람에게 똑같게 나누어 주면 한 사람에게 2개씩 줄 수 있습니다.

109b

3. $3 \times 5 = 15$,
$(15 \div 3 = 5,\ 15 \div 5 = 3)$

풀이 한 묶음에 3개씩 5묶음이므로 $3 \times 5 = 15$입니다.

$$3 \times 5 = 15 \begin{cases} 15 \div 3 = 5 \\ 15 \div 5 = 3 \end{cases}$$

4. ㉢, ㉡, ㉒, ㉠, ㉣, ㉤

풀이 몫을 각각 구하면
㉠ 6, ㉡ 8, ㉢ 9, ㉣ 5, ㉤ 3, ㉒ 7
이므로, 몫의 크기를 비교하면
$9 > 8 > 7 > 6 > 5 > 3$입니다.

5. 4자루

풀이 연필 2타 : $12 \times 2 = 24$(자루)
(한 사람에게 줄 수 있는 연필 수)
= (전체 연필 수) ÷ (사람 수)
= $24 \div 6 = 4$(자루)

110a 도형을 어느 방향으로 밀어도 도형의 모양과 크기는 변하지 않습니다.

1.　　　　2.

3.　　　　4.

110b 도형을 오른쪽이나 왼쪽으로 뒤집으면 도형의 오른쪽 부분은 왼쪽으로, 왼쪽 부분은 오른쪽으로 바뀝니다.
도형을 위쪽이나 아래쪽으로 뒤집으면 도형의 위쪽 부분은 아래쪽으로, 아래쪽 부분은 위쪽으로 바뀝니다.

5.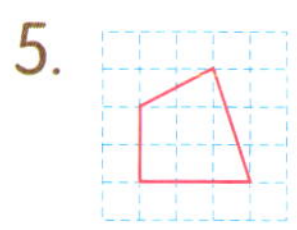　　　6.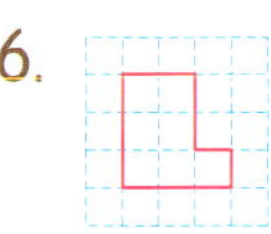

7.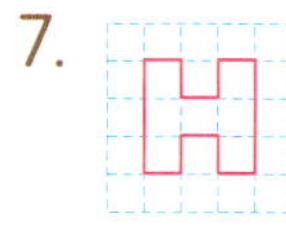　　　8.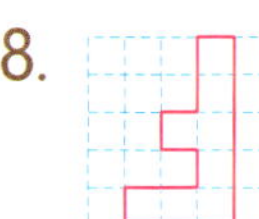

111a 1.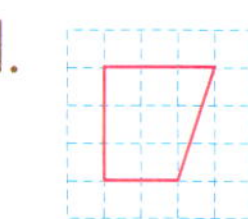

풀이 도형을  방향으로 돌리면 도형의 모양은 위쪽 부분이 오른쪽 → 아래쪽 → 왼쪽 → 위쪽으로 바뀝니다.

2.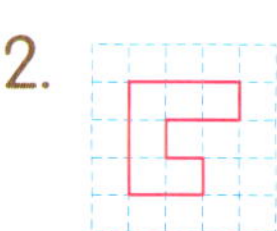

풀이 도형을 방향으로 돌리면 도형의 모양은 위쪽 부분이 왼쪽 → 아래쪽 → 오른쪽 → 위쪽으로 바뀝니다.

3.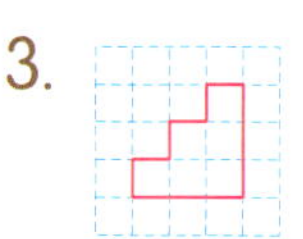　　　4.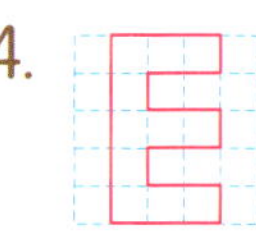

풀이 도형을 방향 또는 방향으로 돌리면 위쪽과 아래쪽, 왼쪽과 오른쪽이 바뀝니다.

111b 5.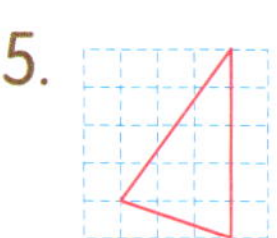　　　6.

풀이 와 , 와 방향으로 돌린 모양은 각각 같습니다.

7.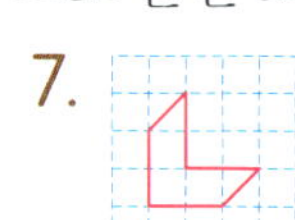　　　8.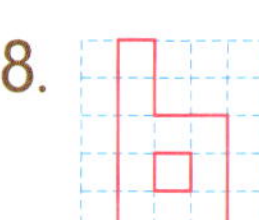

풀이 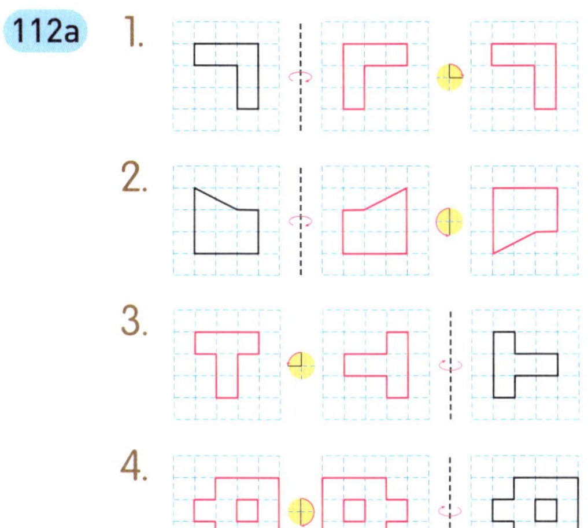 와 방향으로 돌리면 처음 도형의 모양과 같은 모양이 됩니다.

112a

1.
2.
3.
4.

112b

5.
6.

113a

1. 모양, 크기

2.

풀이 도형을 같은 방향으로 2번 뒤집으면 처음 모양과 같으므로 오른쪽과 똑같은 모양을 그립니다.

3. (1) 6 (2) 12

풀이 (1) 시곗바늘을 오른쪽으로 직각만큼 돌리면 숫자 6을 가리킵니다.

(2) 와 방향으로 돌린 모양은 같으므로 왼쪽으로 직각만큼 돌려서 구합니다.

113b

4.

풀이 위쪽은 아래쪽으로, 왼쪽은 오른쪽으로 모양이 바뀌었으므로 방향으로 돌린 것입니다.

5. ②

풀이 원은 어느 쪽에서 보아도 항상 같은 모양이므로 밀기, 뒤집기, 돌리기에 상관없이 모양이 변하지 않습니다.

6.

114a

1. 280　　2. 252
3. 132　　4. 48
5. 183　　6. 376
7. 330　　8. 80

114b

9. 194　　10. 205
11. 36　　12. 168
13. 315　　14. 420
15. 76　　16. 504

115a

1. 84　　2. 285
3. 264　　4. 84
5. 164　　6. 380
7. 441　　8. 408
9. 250　　10. 136

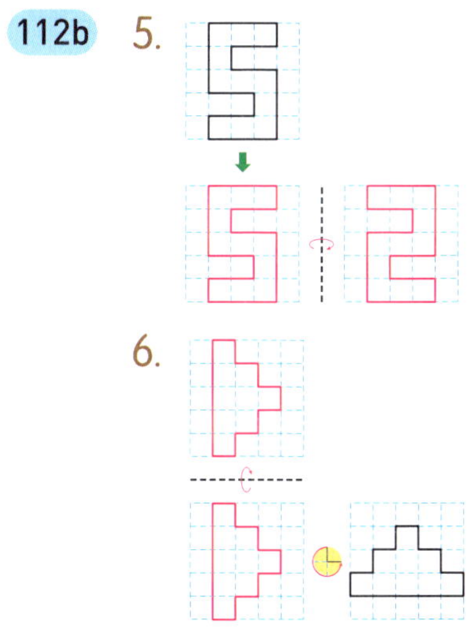

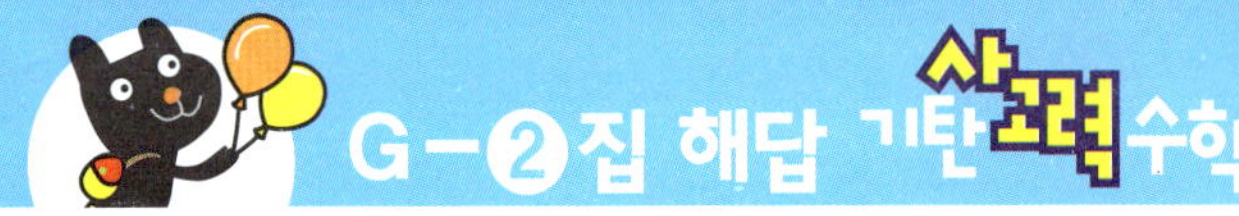

115b

11. 228 12. 810
13. 96 14. 245
15. 688 16. 86
17. 368 18. 130
19. 114 20. 87

116a

1. 3

[풀이] $60 \times 4 = 240$이므로 $80 \times \square = 240$을 만족하는 $\square$를 구합니다.

$$80 \times \square = 240 \Rightarrow \square = 3$$
$$8 \times \square = 24$$

2. 22, 4, 88

3. $41 \times 4 = 164$

[풀이] 한 묶음의 수를 세어 보면 십 모형 4개, 낱개 모형 1개로 41입니다. 41이 4묶음 놓여 있으므로 $41 \times 4 = 164$입니다.

4. 14, 5, 70

[풀이] 14씩 5번 건너뛰었으므로 $14 \times 5 = 70$입니다.

116b

5. (1) 60, 14, 74
   (2) 300, 48, 348

6. (1) 60, 480 (2) 93, 186

[풀이] (1) $15 \times 4 = 60$, $60 \times 8 = 480$
(2) $31 \times 3 = 93$, $93 \times 2 = 186$

7. 1371

[풀이] $80 \times 9 = 720$, $93 \times 7 = 651$
$\Rightarrow 720 + 651 = 1371$

117a

1. (1) <   (2) =   (3) =   (4) >

[풀이] (1) $49 \times 2 = 98$, $11 \times 9 = 99$
$\Rightarrow 49 \times 2 \mathbin{<} 11 \times 9$
(2) $30 \times 5 = 150$, $75 \times 2 = 150$
$\Rightarrow 30 \times 5 \mathbin{=} 75 \times 2$
(3) $36 \times 9 = 324$, $81 \times 4 = 324$
$\Rightarrow 36 \times 9 \mathbin{=} 81 \times 4$
(4) $63 \times 3 = 189$, $70 \times 2 = 140$
$\Rightarrow 63 \times 3 \mathbin{>} 70 \times 2$

2.

×	2	5	8
27	54	135	216
52	104	260	416
90	180	450	720

3.

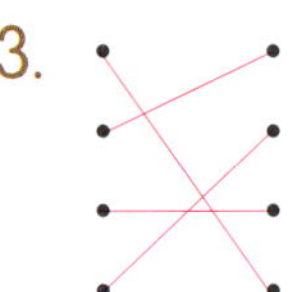

[풀이] 각각의 곱을 먼저 구하고, 곱이 같은 것을 찾아 선으로 잇습니다.
$50 \times 6 = 300$ • — • $18 \times 4 = 72$
$36 \times 2 = 72$ • — • $66 \times 2 = 132$
$91 \times 3 = 273$ • — • $39 \times 7 = 273$
$22 \times 6 = 132$ • — • $75 \times 4 = 300$

117b

4. [식] $7 \times 31 = 217$ [답] 217권

5. [식] $6 \times 24 = 144$ [답] 144명

6. 104쪽

[풀이] 미희 : $12 \times 5 = 60$(쪽)
경호 : $11 \times 4 = 44$(쪽)
$\Rightarrow 60 + 44 = 104$(쪽)

7. 225개

[풀이] 사과 : $45 \times 5 = 225$(개)
귤 : $50 \times 9 = 450$(개)
$\Rightarrow$ 차 : $450 - 225 = 225$(개)

118a

5

[풀이] $4 + 3 - 4 + 2 = 5$

기탄고력수학 G-❷집 해답

118b

창의력 학습

7번

(풀이) $13 \times 5 = 65$, $13 \times 6 = 78$,
$13 \times 7 = 91$이고, $78 + 2 = 80$이므로
엘리베이터를 적어도 7번에 나누어
타야 합니다.

119a

경시 대회 예상 문제

1. 2

(풀이)

÷		
24		4
①	2	②
6		㉠

- $24 \div ① = 6$, $① = 4$
- $① \div 2 = ②$, $4 \div 2 = ②$, $② = 2$
- $4 \div ② = ㉠$, $4 \div 2 = ㉠$, $㉠ = 2$

2. 64

(풀이)
- $\square \div 4 = 2 \leftrightarrow 4 \times 2 = 8$, $\square = 8$
- (어떤 수)$\div 8 = \square$
  (어떤 수)$\div 8 = 8 \leftrightarrow 8 \times 8 = 64$
  (어떤 수)$= 64$

3. 어제까지 읽고 남은 동화책의 쪽
수는 $100 - 58 = 42$(쪽)입니다.
따라서 하루에 읽어야 할 동화책
의 쪽수는 $42 \div 7 = 6$(쪽)입니다.
[답] 6쪽

평가 기준	
상	어제까지 읽고 남은 쪽수를 구하여 하루에 읽어야 할 쪽수를 구했다.
하	어제까지 읽고 남은 쪽수는 구했으나 하루에 읽어야 할 쪽수를 구하지 못했다.

119b

경시 대회 예상 문제

4. 27

(풀이)

$$36 \div 4 = 9 \leftrightarrow 4 \overline{)3\,6}\,^9$$

➡ $㉠ = 36$, $㉡ = 4$, $㉢ = 9$
➡ $㉠ - ㉢ = 36 - 9 = 27$

5.

(풀이)

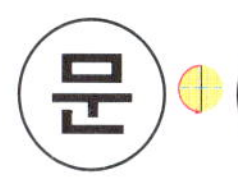

6. 같은 방향으로 2번 뒤집으면 처
음과 모양이 같고,  방향으로
돌려도 처음과 모양이 같습니다.
[답]

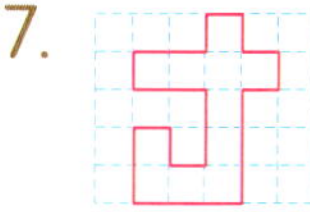

평가 기준	
상	그리는 과정을 정확히 설명하고 그 모양을 바르게 그렸다.
하	그리는 과정을 정확히 설명했으나, 그 모양은 그리지 못했다.

120a

경시 대회 예상 문제

7.

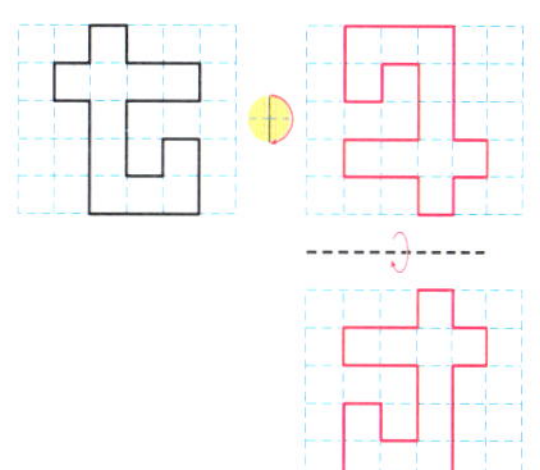

(풀이) 방향으로 연속 2번 돌린
모양은 방향으로 돌린 모양과
같고, 아래쪽으로 3번 뒤집은 모양은
아래쪽으로 1번 뒤집은 모양과 같습
니다.

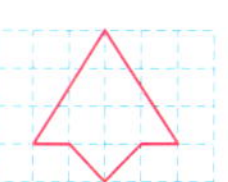

8.

(풀이) 거꾸로 생각하여 오른쪽 그림
을 방향으로 돌리고, 왼쪽으로
뒤집으면 됩니다.

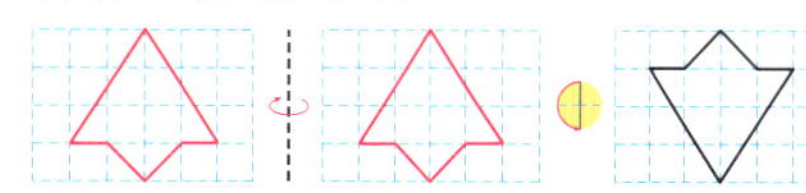

9. (1) 288 (2) 7, 322
풀이 (1) • ㉠÷4=8 ↔ 4×8=32
　　　　　㉠=32
　　　• 63÷㉡=7 ↔ 9×7=63, ㉡=9
　➡ ㉠×㉡=32×9=288
(2) 82×□=574를 만족하는 □는 7
이므로 46×7=322입니다.

120b
경시 대회 예상 문제

10. 184
풀이 두 번째로 큰 수 : 94
두 번째로 작은 수 : 48
➡ (94−48)×4=184

11. 십의 자리 숫자가 일의 자리 숫
자의 4배이므로, 일의 자리 숫자
가 1이면 십의 자리 숫자는 4, 일
의 자리 숫자가 2이면 십의 자리
숫자는 8입니다.
따라서 41×3=123, 82×3=246
이므로 조건에 맞는 수는 82입
니다.
[답] 82

평가 기준	
상	풀이 과정을 써서 답을 구했다.
하	풀이 과정을 써서 답을 구했으나 풀이 과정이 미흡하다.

12. 567
풀이 주어진 숫자 카드로 만들 수 있
는 가장 큰 곱은 65×7=455이고,
가장 작은 곱은 56×2=112입니다.
따라서 가장 큰 곱과 가장 작은 곱의
합은 455+112=567입니다.

성취도 테스트

1. ㉡, ㉢, ㉠, ㉣
2. 4, 12, 6
3. (45, 9, 5), (45, 5, 9)
4. [식] 24÷3=8 [답] 8사람
5. [식] 24÷8=3 [답] 3개

6. 6개
풀이 10×3=30(개), 30÷5=6(개)
7. 9개
풀이 25+29=54(개), 54÷6=9(개)

8.
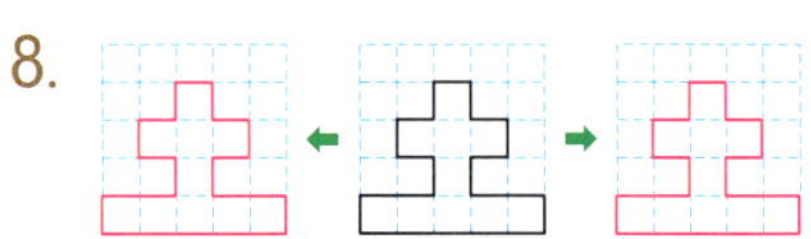

9.
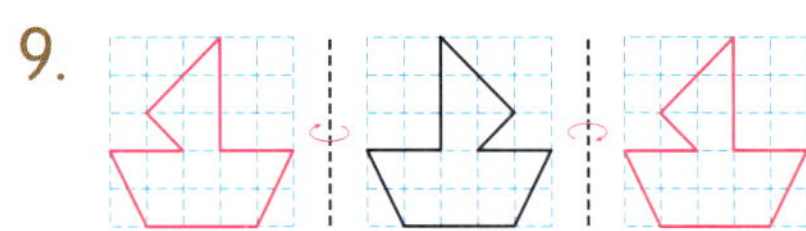

10.
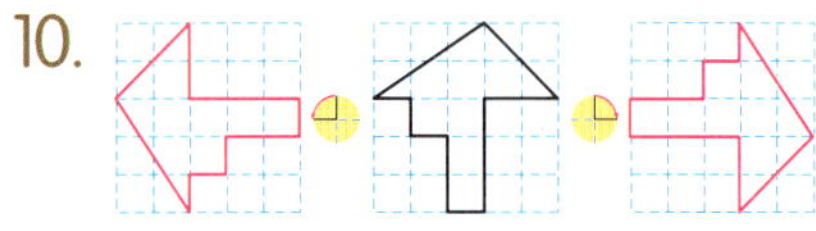

11.
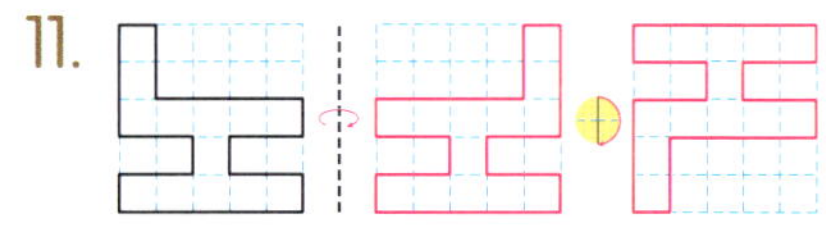

12. 　　　**13.** ③, ④

14.
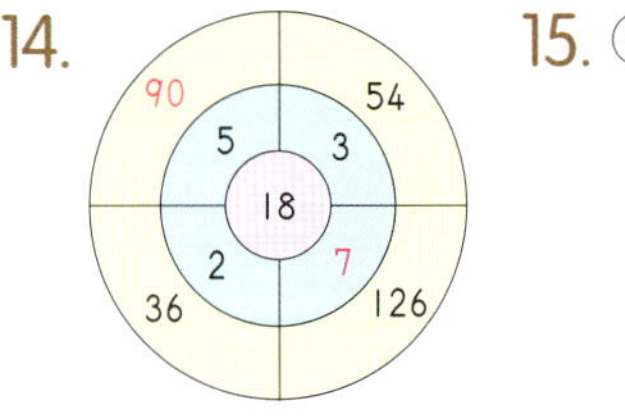

15. ②

16. 94, 5, 470

17. (1)
　　3 9
　×　4
　1 5 6
(2)
　　6 4
　×　7
　4 4 8

18. 3
풀이 26×9=234이고
67×3=201, 67×4=268입니다.
따라서 □ 안에 들어갈 수 있는 수 중
에서 가장 큰 수는 3입니다.

19. [식] 12×7=84 [답] 84자루

20. 156
풀이 어떤 수를 □라고 하면
□+6=32, 32−6=□, □=26
입니다. 따라서 바르게 계산하면
26×6=156입니다.